TABLE OF CONTENTS

MULTIPLICATION	1-Multiplication facts	2
	2-Find the missing factor or product	12
	3-Multiplying by multiples of 10 (single digit numbers by whole tens)	22
	4-Multiplying by multiples of 10 (single digit number by whole hundreds)	28
	5-Find the missing factor or product	33
	6-Multiply (2 digits by 1 digit)	43
	7-Multiply (3 digits by 1 digit)	53
	8-Multiply (4 digits by 1 digit)	63
	9-Multiply (2 digits by 2 digits)	73
	10-Multiply (3 digits by 2 digits)	83
	11-Multiply (4 digits by 2 digits)	93
	12-Multiply (3 digits by 3 digits)	103
	13-Find the missing factor or product	113
	14-Distributive property	123
DIVISION	1-Division facts	133
	2-Find the missing dividen or divisor	143
	3-Divide by 10	153
	4-Divide by 100	163
	5-Divide by whole tens	173
	6-Divide by whole hundreds	183
	7-Find the missing dividen or divisor	193
	8-Divide 3 digit by 1-digit (no remainders)	203
	9-Divide 4 digit by 1-digit (no remainders)	213
	10-Division with remainders (numbers up to 1000)	223
	11-Long division (4 digits by 1 digits)	233
	12-Long division (5 digits by 1 digits)	236
	13-Long division (6 digits by 1 digits)	239
	14-Long division (4 digits by 2 digits)	242
	15-Long division (5 digits by 2 digits)	245
	16-Long division (6 digits by 2 digits)	248
	Answers	250

Name:_____ Date:_____ Score:_____

1-Multiplication Facts

1. 7 x 7 = ____
2. 4 x 0 = ____
3. 6 x 6 = ____
4. 7 x 5 = ____
5. 5 x 0 = ____
6. 11 x 6 = ____
7. 8 x 6 = ____
8. 7 x 5 = ____
9. 11 x 11 = ____
10. 12 x 5 = ____

11. 4 x 4 = ____
12. 8 x 5 = ____
13. 8 x 2 = ____
14. 10 x 3 = ____
15. 9 x 7 = ____
16. 9 x 9 = ____
17. 10 x 8 = ____
18. 6 x 6 = ____
19. 3 x 3 = ____
20. 9 x 7 = ____

Name:_____ Date:_____ Score:_____

1-Multiplication Facts

1. 5 x 2 = ____
2. 8 x 6 = ____
3. 3 x 0 = ____
4. 8 x 4 = ____
5. 0 x 0 = ____
6. 10 x 6 = ____
7. 4 x 0 = ____
8. 10 x 8 = ____
9. 12 x 10 = ____
10. 11 x 9 = ____
11. 7 x 4 = ____
12. 7 x 1 = ____
13. 9 x 8 = ____
14. 11 x 3 = ____
15. 12 x 2 = ____
16. 12 x 10 = ____
17. 8 x 8 = ____
18. 5 x 2 = ____
19. 10 x 9 = ____
20. 9 x 2 = ____

Name:_____ Date:_____ Score:_____

1-Multiplication Facts

1. 5 x 3 = ____
2. 5 x 4 = ____
3. 7 x 6 = ____
4. 3 x 0 = ____
5. 4 x 3 = ____
6. 10 x 7 = ____
7. 12 x 12 = ____
8. 3 x 3 = ____
9. 12 x 11 = ____
10. 11 x 11 = ____

11. 7 x 2 = ____
12. 8 x 8 = ____
13. 4 x 2 = ____
14. 12 x 2 = ____
15. 11 x 6 = ____
16. 9 x 4 = ____
17. 10 x 9 = ____
18. 10 x 1 = ____
19. 5 x 4 = ____
20. 2 x 1 = ____

Name:_____ Date:_____ Score:_____

1-Multiplication Facts

1. 11 x 10 = ____
2. 4 x 1 = ____
3. 5 x 1 = ____
4. 5 x 5 = ____
5. 9 x 6 = ____
6. 12 x 7 = ____
7. 1 x 1 = ____
8. 12 x 8 = ____
9. 2 x 2 = ____
10. 7 x 3 = ____
11. 10 x 7 = ____
12. 10 x 8 = ____
13. 9 x 5 = ____
14. 7 x 5 = ____
15. 9 x 4 = ____
16. 4 x 0 = ____
17. 10 x 5 = ____
18. 8 x 1 = ____
19. 12 x 3 = ____
20. 12 x 0 = ____

Name:_____ Date:_____ Score:_____

1-Multiplication Facts

1. 9 x 9 = ____
2. 7 x 6 = ____
3. 10 x 10 = ____
4. 12 x 6 = ____
5. 6 x 1 = ____
6. 8 x 6 = ____
7. 7 x 5 = ____
8. 6 x 4 = ____
9. 11 x 9 = ____
10. 9 x 6 = ____
11. 6 x 3 = ____
12. 9 x 5 = ____
13. 12 x 7 = ____
14. 6 x 2 = ____
15. 5 x 5 = ____
16. 10 x 10 = ____
17. 11 x 3 = ____
18. 7 x 6 = ____
19. 11 x 8 = ____
20. 11 x 7 = ____

Name:_____ Date:_____ Score:_____

1-Multiplication Facts

1.
   8
x 3
―――

2.
   9
x 7
―――

3.
   6
x 4
―――

4.
   8
x 3
―――

5.
   3
x 1
―――

6.
  11
x 0
―――

7.
   8
x 5
―――

8.
   6
x 3
―――

9.
  12
x 9
―――

10.
   7
x 4
―――

11.
  10
x 0
―――

12.
   6
x 1
―――

13.
   8
x 0
―――

14.
   8
x 1
―――

15.
  10
x 4
―――

16.
   4
x 1
―――

17.
   5
x 2
―――

18.
   7
x 2
―――

19.
  11
x 2
―――

20.
   9
x 0
―――

Name:_____ Date:_____ Score:_____

1-Multiplication Facts

1. 12
   × 1

2. 11
   × 6

3.   2
   × 1

4. 11
   × 2

5.   9
   × 2

6.   6
   × 5

7.   8
   × 7

8. 10
   × 4

9.   2
   × 0

10. 12
   × 12

11. 4
   × 2

12. 8
   × 2

13. 11
   × 10

14. 12
   × 9

15. 6
   × 2

16. 9
   × 3

17. 7
   × 1

18. 4
   × 3

19. 5
   × 3

20. 8
   × 0

Name:_____ Date:_____ Score:_____

1-Multiplication Facts

1. 12 × 11
2. 6 × 4
3. 9 × 3
4. 6 × 0

5. 11 × 0
6. 3 × 2
7. 9 × 8
8. 7 × 7

9. 12 × 8
10. 11 × 8
11. 12 × 0
12. 12 × 1

13. 7 × 0
14. 10 × 0
15. 10 × 1
16. 10 × 2

17. 11 × 1
18. 5 × 0
19. 1 × 0
20. 10 × 5

Name:_____ Date:_____ Score:_____

1-Multiplication Facts

1. 10   2.   1   3. 12   4. 12
   × 6   × 0   × 6   × 4

5. 11   6.   0   7. 11   8.   2
   × 4   × 0   × 5   × 2

9.   3   10. 11   11. 10   12.   5
   × 1   × 4   × 2   × 1

13. 2   14.   9   15.   6   16.   4
   × 0   × 1   × 5   × 4

17. 8   18. 11   19.   8   20.   8
   × 4   × 1   × 1   × 3

Name:_____ Date:_____ Score:_____

1-Multiplication Facts

1. 9 × 0
2. 9 × 4
3. 8 × 7
4. 11 × 5

5. 12 × 4
6. 1 × 1
7. 6 × 0
8. 7 × 0

9. 10 × 3
10. 12 × 5
11. 11 × 7
12. 4 × 1

13. 7 × 3
14. 12 × 3
15. 9 × 1
16. 10 × 1

17. 12 × 5
18. 12 × 6
19. 3 × 2
20. 11 × 3

Name:_____ Date:_____ Score:_____

2-Find The Missing factor or product

1. 10 x ___ = 90
2. 11 x ___ = 11
3. 11 x ___ = 77
4. 11 x ___ = 33
5. 9 x ___ = 54
6. 12 x ___ = 60
7. 11 x ___ = 99
8. 10 x ___ = 30
9. 10 x ___ = 100
10. 10 x ___ = 10

11. 10 x ___ = 70
12. 10 x ___ = 20
13. 9 x ___ = 81
14. 4 x ___ = 4
15. 9 x ___ = 81
16. 9 x ___ = 0
17. 7 x ___ = 42
18. 9 x ___ = 36
19. 4 x ___ = 0
20. 4 x ___ = 16

Name:_____ Date:_____ Score:_____

2-Find The Missing factor or product

1. 7 x ___ = 35
2. 9 x ___ = 9
3. 4 x ___ = 4
4. 1 x ___ = 0
5. 12 x ___ = 96
6. 2 x ___ = 4
7. 12 x ___ = 72
8. 11 x ___ = 55
9. 2 x ___ = 2
10. 10 x ___ = 50

11. 12 x ___ = 84
12. 0 x ___ = 0
13. 9 x ___ = 45
14. 4 x ___ = 4
15. 10 x ___ = 80
16. 10 x ___ = 40
17. 7 x ___ = 42
18. 12 x ___ = 72
19. 12 x ___ = 120
20. 2 x ___ = 0

Name:_____ Date:_____ Score:_____

2-Find The Missing factor or product

1. 9 x ___ = 63
2. 9 x ___ = 0
3. 5 x ___ = 10
4. 12 x ___ = 12
5. 5 x ___ = 25
6. 12 x ___ = 48
7. 10 x ___ = 10
8. 5 x ___ = 0
9. 8 x ___ = 8
10. 11 x ___ = 11
11. 12 x ___ = 0
12. 8 x ___ = 24
13. 6 x ___ = 36
14. 7 x ___ = 14
15. 6 x ___ = 24
16. 7 x ___ = 0
17. 6 x ___ = 12
18. 12 x ___ = 36
19. 4 x ___ = 0
20. 8 x ___ = 56

Name:_____ Date:_____ Score:_____

2-Find The Missing factor or product

1. ___ x 3 = 33
2. 12 x ___ = 60
3. 5 x ___ = 20
4. ___ x 0 = 0
5. ___ x 10 = 110
6. 10 x ___ = 60
7. 7 x ___ = 21
8. 11 x ___ = 44
9. 9 x ___ = 45
10. ___ x 0 = 0

11. ___ x 3 = 36
12. 8 x ___ = 8
13. ___ x 7 = 63
14. 10 x ___ = 40
15. ___ x 6 = 48
16. 1 x ___ = 1
17. 12 x ___ = 84
18. 7 x ___ = 21
19. ___ x 6 = 60
20. 6 x ___ = 30

Name:_____ Date:_____ Score:_____

2-Find The Missing factor or product

1. ____ x 8 = 88
2. 3 x ____ = 6
3. 5 x ____ = 25
4. ____ x 1 = 9
5. ____ x 3 = 18
6. 11 x ____ = 77
7. 7 x ____ = 35
8. 6 x ____ = 0
9. 5 x ____ = 5
10. ____ x 6 = 72

11. ____ x 6 = 54
12. 11 x ____ = 44
13. ____ x 8 = 80
14. 5 x ____ = 5
15. ____ x 5 = 50
16. 8 x ____ = 32
17. 10 x ____ = 30
18. 8 x ____ = 8
19. ____ x 4 = 36
20. 6 x ____ = 30

Name:_____ Date:_____ Score:_____

2-Find The Missing factor or product

1. ____ x 10 = 100
2. 8 x ____ = 56
3. 6 x ____ = 6
4. ____ x 4 = 48
5. ____ x 3 = 9
6. 11 x ____ = 22
7. 1 x ____ = 1
8. 11 x ____ = 55
9. 2 x ____ = 4
10. ____ x 1 = 3

11. ____ x 2 = 10
12. 4 x ____ = 12
13. ____ x 5 = 35
14. 6 x ____ = 18
15. ____ x 2 = 16
16. 9 x ____ = 36
17. 8 x ____ = 0
18. 10 x ____ = 20
19. ____ x 10 = 120
20. 9 x ____ = 27

Name:_____   Date:_____   Score:_____

2-Find The Missing factor or product

1. ___ x 6 = 42
2. 9 x ___ = 27
3. 8 x 8 = ___
4. 7 x ___ = 7
5. 12 x 2 = ___
6. ___ x 2 = 12
7. ___ x 8 = ___
8. 5 x ___ = 10
9. 9 x 2 = ___
10. 8 x ___ = 0

11. 5 x ___ = 15
12. 12 x ___ = 132
13. 5 x 4 = ___
14. 6 x ___ = 24
15. ___ x 7 = 49
16. ___ x 3 = ___
17. 10 x ___ = 70
18. 3 x 2 = ___
19. 4 x ___ = 0
20. ___ x 7 = 63

Name: _____ **Date:** _____ **Score:** _____

2-Find The Missing factor or product

1. ____ x 0 = 0
2. 3 x ____ = 3
3. 12 x 2 = ____
4. 10 x ____ = 0
5. 6 x 6 = ____
6. ____ x 4 = 24
7. ____ x 9 = ____
8. 5 x ____ = 15
9. 4 x 3 = ____
10. 11 x ____ = 0

11. 7 x ____ = 35
12. 8 x ____ = 24
13. 11 x 6 = ____
14. 11 x ____ = 0
15. ____ x 0 = 0
16. ____ x 2 = ____
17. 3 x ____ = 0
18. 6 x 0 = ____
19. 12 x ____ = 132
20. ____ x 8 = 96

Name:_____ Date:_____ Score:_____

2-Find The Missing factor or product

1. ___ x 8 = 72
2. 11 x ___ = 110
3. 11 x 3 = ___
4. 12 x ___ = 108
5. 11 x 11 = ___
6. ___ x 8 = 88
7. ___ x 6 = ___
8. 10 x ___ = 10
9. 11 x 9 = ___
10. 12 x ___ = 144

11. 7 x ___ = 14
12. 12 x ___ = 0
13. 7 x 4 = ___
14. 4 x ___ = 8
15. ___ x 2 = 8
16. ___ x 0 = ___
17. 7 x ___ = 7
18. 8 x 2 = ___
19. 12 x ___ = 144
20. ___ x 8 = 72

Page 20

Name:_____ Date:_____ Score:_____

2-Find The Missing factor or product

1. ____ x 3 = 9
2. 7 x ____ = 49
3. 8 x 6 = ____
4. 11 x ____ = 66
5. 8 x 8 = ____
6. ____ x 1 = 12
7. ____ x 0 = ____
8. 2 x ____ = 2
9. 4 x 4 = ____
10. 10 x ____ = 0

11. 8 x ____ = 40
12. 6 x ____ = 6
13. 8 x 4 = ____
14. 11 x ____ = 22
15. ____ x 11 = 121
16. ____ x 9 = ____
17. 12 x ____ = 60
18. 7 x 4 = ____
19. 8 x ____ = 48
20. ____ x 5 = 40

Name:_____ Date:_____ Score:_____

3-Multiplying by multiples of 10 (single digit numbers by whole tens)

1. 8 x 40 = ____
2. 9 x 30 = ____
3. 7 x 20 = ____
4. 6 x 10 = ____
5. 8 x 40 = ____
6. 5 x 40 = ____
7. 8 x 70 = ____
8. 8 x 40 = ____
9. 9 x 60 = ____
10. 3 x 10 = ____

11. 4 x 10 = ____
12. 8 x 70 = ____
13. 4 x 40 = ____
14. 2 x 10 = ____
15. 5 x 30 = ____
16. 2 x 20 = ____
17. 8 x 80 = ____
18. 9 x 40 = ____
19. 7 x 50 = ____
20. 7 x 10 = ____

Name:_____ Date:_____ Score:_____

3-Multiplying by multiples of 10 (single digit numbers by whole tens)

1. 8 x 60 = ____
2. 6 x 30 = ____
3. 8 x 20 = ____
4. 7 x 40 = ____
5. 6 x 60 = ____
6. 9 x 50 = ____
7. 6 x 30 = ____
8. 8 x 50 = ____
9. 4 x 10 = ____
10. 7 x 10 = ____

11. 9 x 70 = ____
12. 6 x 20 = ____
13. 6 x 40 = ____
14. 9 x 50 = ____
15. 1 x 10 = ____
16. 3 x 30 = ____
17. 4 x 30 = ____
18. 7 x 60 = ____
19. 7 x 40 = ____
20. 7 x 60 = ____

Name:_____ Date:_____ Score:_____

3-Multiplying by multiples of 10 (single digit numbers by whole tens)

1. 7 x 30 = ____
2. 7 x 50 = ____
3. 5 x 10 = ____
4. 5 x 30 = ____
5. 8 x 20 = ____
6. 7 x 30 = ____
7. 8 x 30 = ____
8. 8 x 60 = ____
9. 5 x 50 = ____
10. 7 x 70 = ____
11. 6 x 50 = ____
12. 5 x 20 = ____
13. 6 x 50 = ____
14. 6 x 20 = ____
15. 9 x 80 = ____
16. 4 x 20 = ____
17. 6 x 40 = ____
18. 5 x 20 = ____
19. 7 x 10 = ____
20. 9 x 90 = ____

Name:_____ Date:_____ Score:_____

3-Multiplying by multiples of 10 (single digit numbers by whole tens)

1. 20 × 3
2. 40 × 8
3. 80 × 8
4. 70 × 9

5. 40 × 5
6. 30 × 7
7. 10 × 5
8. 20 × 6

9. 10 × 8
10. 30 × 7
11. 10 × 5
12. 80 × 9

13. 50 × 9
14. 10 × 7
15. 20 × 8
16. 30 × 9

17. 10 × 1
18. 10 × 8
19. 40 × 6
20. 20 × 2

Name:_____ Date:_____ Score:_____

3-Multiplying by multiples of 10 (single digit numbers by whole tens)

1. 20 × 9
2. 50 × 5
3. 40 × 6
4. 10 × 5

5. 30 × 3
6. 10 × 9
7. 50 × 9
8. 10 × 9

9. 40 × 4
10. 30 × 5
11. 60 × 6
12. 50 × 7

13. 20 × 4
14. 20 × 9
15. 70 × 9
16. 30 × 8

17. 40 × 9
18. 10 × 6
19. 20 × 6
20. 70 × 9

Name:_____ Date:_____ Score:_____

3-Multiplying by multiples of 10 (single digit numbers by whole tens)

1. 20 × 7
2. 10 × 6
3. 40 × 9
4. 20 × 7

5. 50 × 7
6. 60 × 8
7. 50 × 8
8. 30 × 8

9. 60 × 9
10. 20 × 3
11. 30 × 8
12. 30 × 4

13. 40 × 9
14. 10 × 3
15. 90 × 9
16. 10 × 6

17. 10 × 2
18. 20 × 7
19. 70 × 7
20. 60 × 8

Name:_____ Date:_____ Score:_____

4-Multiplying by multiples of 10 (single digit number by whole hundreds)

1. 200 x 4 = ____
2. 400 x 5 = ____
3. 200 x 3 = ____
4. 100 x 2 = ____
5. 900 x 9 = ____
6. 300 x 7 = ____
7. 700 x 8 = ____
8. 200 x 2 = ____
9. 300 x 3 = ____
10. 300 x 9 = ____

11. 100 x 7 = ____
12. 700 x 9 = ____
13. 600 x 9 = ____
14. 500 x 5 = ____
15. 500 x 7 = ____
16. 400 x 7 = ____
17. 400 x 5 = ____
18. 400 x 7 = ____
19. 200 x 3 = ____
20. 500 x 8 = ____

Name:_____ Date:_____ Score:_____

4-Multiplying by multiples of 10 (single digit number by whole hundreds)

1. 300 x 5 = ____
2. 400 x 6 = ____
3. 200 x 5 = ____
4. 300 x 5 = ____
5. 200 x 7 = ____
6. 100 x 1 = ____
7. 100 x 3 = ____
8. 900 x 9 = ____
9. 600 x 7 = ____
10. 300 x 6 = ____

11. 100 x 2 = ____
12. 400 x 6 = ____
13. 600 x 8 = ____
14. 200 x 6 = ____
15. 500 x 9 = ____
16. 300 x 8 = ____
17. 600 x 7 = ____
18. 700 x 7 = ____
19. 500 x 6 = ____
20. 200 x 5 = ____

Page 29

Name:_____ Date:_____ Score:_____

4-Multiplying by multiples of 10 (single digit number by whole hundreds)

1. 300 x 4 = ____
2. 800 x 8 = ____
3. 300 x 4 = ____
4. 800 x 8 = ____
5. 100 x 4 = ____
6. 300 x 6 = ____
7. 400 x 8 = ____
8. 100 x 6 = ____
9. 500 x 6 = ____
10. 200 x 8 = ____
11. 400 x 4 = ____
12. 600 x 6 = ____
13. 200 x 4 = ____
14. 500 x 8 = ____
15. 100 x 5 = ____
16. 300 x 9 = ____
17. 800 x 8 = ____
18. 400 x 5 = ____
19. 100 x 3 = ____
20. 100 x 7 = ____

Name: _____ Date: _____ Score: _____

4-Multiplying by multiples of 10 (single digit number by whole hundreds)

1. 100 × 8	2. 200 × 8	3. 500 × 9	4. 800 × 9
5. 200 × 7	6. 300 × 8	7. 400 × 9	8. 100 × 1
9. 800 × 8	10. 200 × 2	11. 500 × 5	12. 700 × 8
13. 300 × 3	14. 100 × 6	15. 100 × 9	16. 400 × 4
17. 600 × 6	18. 100 × 4	19. 200 × 9	20. 200 × 3

Page 31

Name:_____ Date:_____ Score:_____

4-Multiplying by multiples of 10 (single digit number by whole hundreds)

1. 300 × 7
2. 400 × 8
3. 300 × 4
4. 800 × 9

5. 600 × 9
6. 400 × 5
7. 100 × 5
8. 600 × 7

9. 200 × 6
10. 900 × 9
11. 100 × 2
12. 500 × 7

13. 500 × 6
14. 600 × 8
15. 200 × 3
16. 300 × 4

17. 700 × 9
18. 900 × 9
19. 100 × 2
20. 700 × 7

Name:_____ Date:_____ Score:_____

5-Find The Missing factor or product

1. 40 x ____ = 200
2. 200 x ____ = 800
3. 30 x ____ = 240
4. 300 x ____ = 1200
5. 20 x ____ = 140
6. 400 x ____ = 2000
7. 70 x ____ = 630
8. 600 x ____ = 5400
9. 50 x ____ = 400
10. 500 x ____ = 3500

11. 50 x ____ = 250
12. 400 x ____ = 3600
13. 80 x ____ = 640
14. 200 x ____ = 400
15. 50 x ____ = 350
16. 600 x ____ = 3600
17. 20 x ____ = 80
18. 100 x ____ = 400
19. 50 x ____ = 450
20. 700 x ____ = 5600

Name:_____ Date:_____ Score:_____

5-Find The Missing factor or product

1. 30 x ____ = 90
2. 200 x ____ = 400
3. 30 x ____ = 210
4. 400 x ____ = 2000
5. 10 x ____ = 80
6. 800 x ____ = 7200
7. 70 x ____ = 630
8. 200 x ____ = 600
9. 20 x ____ = 120
10. 300 x ____ = 2700

11. 10 x ____ = 70
12. 200 x ____ = 1600
13. 40 x ____ = 360
14. 600 x ____ = 4200
15. 20 x ____ = 120
16. 500 x ____ = 4000
17. 60 x ____ = 540
18. 600 x ____ = 4800
19. 10 x ____ = 10
20. 300 x ____ = 1500

Name:_____ Date:_____ Score:_____

5-Find The Missing factor or product

1. 60 x ____ = 480
2. 700 x ____ = 6300
3. 60 x ____ = 360
4. 600 x ____ = 5400
5. 80 x ____ = 720
6. 100 x ____ = 700
7. 30 x ____ = 210
8. 500 x ____ = 4000
9. 40 x ____ = 160
10. 100 x ____ = 600
11. 60 x ____ = 360
12. 400 x ____ = 1600
13. 50 x ____ = 350
14. 300 x ____ = 2700
15. 20 x ____ = 120
16. 800 x ____ = 7200
17. 50 x ____ = 350
18. 900 x ____ = 8100
19. 70 x ____ = 630
20. 200 x ____ = 600

Name:_____ Date:_____ Score:_____

5-Find The Missing factor or product

1. 30 x ____ = 240
2. 500 x ____ = 3000
3. 10 x ____ = 50
4. 100 x ____ = 500
5. 10 x ____ = 80
6. 800 x ____ = 6400
7. 20 x ____ = 180
8. 300 x ____ = 2400
9. 10 x ____ = 50
10. 800 x ____ = 6400

11. 30 x ____ = 150
12. 100 x ____ = 900
13. 20 x ____ = 40
14. 700 x ____ = 5600
15. 40 x ____ = 360
16. 400 x ____ = 3200
17. 20 x ____ = 140
18. 200 x ____ = 1200
19. 10 x ____ = 70
20. 400 x ____ = 2800

Name:_____ Date:_____ Score:_____

5-Find The Missing factor or product

1. 20 x ____ = 60
2. 200 x ____ = 600
3. 60 x ____ = 480
4. 100 x ____ = 200
5. 10 x ____ = 60
6. 100 x ____ = 500
7. 10 x ____ = 60
8. 300 x ____ = 1200
9. 10 x ____ = 50
10. 100 x ____ = 300

11. 50 x ____ = 450
12. 100 x ____ = 800
13. 40 x ____ = 240
14. 100 x ____ = 100
15. 10 x ____ = 90
16. 300 x ____ = 900
17. 30 x ____ = 150
18. 300 x ____ = 2100
19. 10 x ____ = 90
20. 500 x ____ = 2500

Name:_____ Date:_____ Score:_____

5-Find The Missing factor or product

1.
```
    ___
  x   9
  ----
   180
```

2.
```
   200
  x ___
  ----
  1800
```

3.
```
    30
  x   8
  ----
   ___
```

4.
```
   300
  x ___
  ----
  2100
```

5.
```
    10
  x ___
  ----
    70
```

6.
```
   100
  x   7
  ----
   ___
```

7.
```
    20
  x ___
  ----
   160
```

8.
```
   ___
  x   9
  ----
  4500
```

9.
```
    40
  x ___
  ----
   240
```

10.
```
   200
  x ___
  ----
  1400
```

11.
```
    30
  x ___
  ----
   150
```

12.
```
   ___
  x   2
  ----
   200
```

13.
```
    40
  x ___
  ----
   320
```

14.
```
   ___
  x   8
  ----
   480
```

15.
```
    10
  x ___
  ----
    20
```

16.
```
    70
  x   9
  ----
   ___
```

17.
```
   ___
  x   9
  ----
  8100
```

18.
```
   600
  x ___
  ----
  3600
```

19.
```
    50
  x ___
  ----
   350
```

20.
```
   ___
  x   7
  ----
  4200
```

Name:_____ Date:_____ Score:_____

5-Find The Missing factor or product

1.
    50
x _____
  250

2.
  300
x _____
2400

3.
   10
x _____
   50

4.

x   6
1800

5.
  30
x _____
 210

6.
 100
x _____
 300

7.

x   9
 360

8.
 300
x   3
_____

9.
  30
x   7
_____

10.
 600
x _____
4800

11.
  30
x _____
 240

12.
 200
x _____
1200

13.

x   8
 480

14.

x   9
4500

15.
  40
x _____
 320

16.
  30
x _____
 120

17.
  20
x   5
_____

18.
 500
x _____
3000

19.
  30
x   9
_____

20.
  40
x _____
 360

Name: _____ Date: _____ Score: _____

5 - Find The Missing factor or product

1.
    40
    × ___
    320

2.
    ___
    × 6
    60

3.
    20
    × ___
    60

4.
    ___
    × 8
    1600

5.
    20
    × ___
    140

6.
    10
    × 3
    ___

7.
    20
    × 8
    ___

8.
    ___
    × 6
    2400

9.
    ___
    × 6
    300

10.
    700
    × ___
    4900

11.
    ___
    × 6
    60

12.
    ___
    × 9
    810

13.
    40
    × ___
    200

14.
    20
    × 7
    ___

15.
    10
    × ___
    40

16.
    ___
    × 5
    2000

17.
    70
    × ___
    490

18.
    600
    × ___
    4200

19.
    80
    × ___
    720

20.
    ___
    × 8
    6400

Name:_____ Date:_____ Score:_____

5-Find The Missing factor or product

1. 40
    × ___
    280

2. 200
    × 7
    ___

3. 60
    × 7
    420

4. 100
    × ___
    100

5. 20
    × ___
    80

6. 300
    × ___
    1200

7. ___
    × 8
    320

8. ___
    × 4
    1600

9. 30
    × ___
    90

10. 400
    × 6
    ___

11. 40
    × 6
    ___

12. 800
    × ___
    6400

13. ___
    × 4
    120

14. 200
    × ___
    1000

15. 90
    × ___
    810

16. ___
    × 6
    3000

17. 60
    × ___
    420

18. 300
    × ___
    1500

19. 50
    × ___
    300

20. ___
    × 5
    1000

Name:_____ Date:_____ Score:_____

5-Find The Missing factor or product

1. 20 × ___ = 120
2. 300 × ___ = 1200
3. 50 × ___ = 450
4. 500 × ___ = 2500

5. 20 × ___ = 100
6. 100 × 6 = ___
7. 30 × 6 = ___
8. 500 × ___ = 3500

9. ___ × 4 = 40
10. ___ × 3 = 600
11. 70 × ___ = 560
12. 100 × ___ = 200

13. 50 × 8 = ___
14. 400 × 7 = ___
15. 60 × ___ = 540
16. ___ × 4 = 800

17. 10 × ___ = 30
18. 400 × ___ = 2000
19. 70 × ___ = 560
20. ___ × 7 = 490

Name:_____ Date:_____ Score:_____

6-Multiply (2 digits by 1 digit)

1. 57 x 8 = ____
2. 59 x 1 = ____
3. 60 x 1 = ____
4. 54 x 4 = ____
5. 90 x 1 = ____
6. 92 x 2 = ____
7. 89 x 8 = ____
8. 91 x 1 = ____
9. 96 x 7 = ____
10. 98 x 8 = ____

11. 71 x 6 = ____
12. 73 x 7 = ____
13. 16 x 7 = ____
14. 18 x 8 = ____
15. 81 x 8 = ____
16. 83 x 1 = ____
17. 82 x 1 = ____
18. 84 x 2 = ____
19. 76 x 3 = ____
20. 78 x 4 = ____

Name:_____ Date:_____ Score:_____

6-Multiply (2 digits by 1 digit)

1. 74 x 1 = ____
2. 76 x 2 = ____
3. 62 x 5 = ____
4. 64 x 6 = ____
5. 68 x 3 = ____
6. 70 x 4 = ____
7. 84 x 3 = ____
8. 86 x 4 = ____
9. 60 x 3 = ____
10. 62 x 4 = ____
11. 66 x 1 = ____
12. 68 x 2 = ____
13. 92 x 3 = ____
14. 94 x 4 = ____
15. 28 x 3 = ____
16. 30 x 4 = ____
17. 98 x 1 = ____
18. 52 x 2 = ____
19. 29 x 4 = ____
20. 31 x 5 = ____

Name:_____ Date:_____ Score:_____

6-Multiply (2 digits by 1 digit)

1. 20 x 3 = ____
2. 22 x 4 = ____
3. 21 x 4 = ____
4. 23 x 5 = ____
5. 64 x 7 = ____
6. 66 x 8 = ____
7. 58 x 1 = ____
8. 60 x 2 = ____
9. 78 x 5 = ____
10. 80 x 6 = ____

11. 80 x 7 = ____
12. 82 x 8 = ____
13. 18 x 1 = ____
14. 20 x 2 = ____
15. 88 x 7 = ____
16. 90 x 8 = ____
17. 94 x 5 = ____
18. 96 x 6 = ____
19. 27 x 2 = ____
20. 29 x 3 = ____

Name:_____ Date:_____ Score:_____

6-Multiply (2 digits by 1 digit)

1. 97 x 8 = ____
2. 99 x 1 = ____
3. 59 x 2 = ____
4. 61 x 3 = ____
5. 61 x 4 = ____
6. 63 x 5 = ____
7. 70 x 5 = ____
8. 72 x 6 = ____
9. 73 x 8 = ____
10. 75 x 1 = ____

11. 79 x 6 = ____
12. 81 x 7 = ____
13. 15 x 6 = ____
14. 17 x 7 = ____
15. 86 x 5 = ____
16. 88 x 6 = ____
17. 93 x 4 = ____
18. 95 x 5 = ____
19. 26 x 1 = ____
20. 28 x 2 = ____

Name:_____   Date:_____   Score:_____

6-Multiply (2 digits by 1 digit)

1. 99 x 2 = ____
2. 53 x 3 = ____
3. 95 x 6 = ____
4. 97 x 7 = ____
5. 91 x 2 = ____
6. 93 x 3 = ____
7. 87 x 6 = ____
8. 89 x 7 = ____
9. 63 x 6 = ____
10. 65 x 7 = ____
11. 65 x 8 = ____
12. 67 x 1 = ____
13. 72 x 7 = ____
14. 74 x 8 = ____
15. 77 x 4 = ____
16. 79 x 5 = ____
17. 14 x 5 = ____
18. 16 x 6 = ____
19. 75 x 2 = ____
20. 77 x 3 = ____

Name: _____ Date: _____ Score: _____

6-Multiply (2 digits by 1 digit)

1. 83 × 2
2. 85 × 3
3. 85 × 4
4. 87 × 5

5. 19 × 2
6. 21 × 3
7. 67 × 2
8. 69 × 3

9. 69 × 4
10. 71 × 5
11. 38 × 5
12. 40 × 6

13. 45 × 8
14. 10 × 9
15. 13 × 4
16. 56 × 7

17. 15 × 5
18. 58 × 8
19. 36 × 3
20. 38 × 4

Name:_____ Date:_____ Score:_____

6-Multiply (2 digits by 1 digit)

1. 43 × 2
2. 45 × 3
3. 37 × 4
4. 39 × 5

5. 35 × 2
6. 37 × 3
7. 17 × 8
8. 19 × 1

9. 40 × 7
10. 42 × 8
11. 41 × 8
12. 43 × 1

13. 42 × 1
14. 14 × 2
15. 15 × 1
16. 70 × 2

17. 46 × 5
18. 48 × 6
19. 56 × 2
20. 33 × 3

Name: _____ Date: _____ Score: _____

6-Multiply (2 digits by 1 digit)

1. 23 × 5
2. 20 × 6
3. 54 × 5
4. 56 × 6

5. 40 × 3
6. 12 × 4
7. 39 × 6
8. 41 × 7

9. 45 × 4
10. 47 × 5
11. 45 × 4
12. 15 × 5

13. 18 × 6
14. 19 × 7
15. 25 × 8
16. 27 × 1

17. 44 × 3
18. 46 × 4
19. 49 × 8
20. 51 × 1

Name: _____ Date: _____ Score: _____

6-Multiply (2 digits by 1 digit)

1. 33 × 8
2. 35 × 1
3. 34 × 1
4. 36 × 2

5. 50 × 1
6. 52 × 2
7. 55 × 6
8. 57 × 7

9. 30 × 5
10. 32 × 6
11. 51 × 2
12. 53 × 3

13. 31 × 6
14. 33 × 7
15. 53 × 4
16. 55 × 5

17. 32 × 7
18. 34 × 8
19. 47 × 6
20. 49 × 7

Name:_____ Date:_____ Score:_____

6-Multiply (2 digits by 1 digit)

1. 48 × 7
2. 50 × 8
3. 22 × 5
4. 24 × 6

5. 52 × 3
6. 54 × 4
7. 23 × 6
8. 25 × 7

9. 11 × 2
10. 13 × 3
11. 12 × 3
12. 14 × 4

13. 24 × 7
14. 26 × 8
15. 11 × 9
16. 11 × 1

17. 10 × 1
18. 12 × 2
19. 11 × 7
20. 10 × 8

Name:_____ Date:_____ Score:_____

7-Multiply (3 digits by 1 digit)

1. 523 x 9 = ____
2. 261 x 8 = ____
3. 592 x 6 = ____
4. 254 x 1 = ____
5. 391 x 3 = ____
6. 404 x 7 = ____
7. 292 x 3 = ____
8. 305 x 7 = ____
9. 196 x 6 = ____
10. 998 x 7 = ____

11. 317 x 1 = ____
12. 570 x 2 = ____
13. 266 x 4 = ____
14. 259 x 6 = ____
15. 278 x 7 = ____
16. 677 x 1 = ____
17. 377 x 7 = ____
18. 776 x 1 = ____
19. 949 x 3 = ____
20. 182 x 1 = ____

Name:_____ Date:_____ Score:_____

7-Multiply (3 digits by 1 digit)

1. 614 x 1 = ____
2. 867 x 2 = ____
3. 326 x 1 = ____
4. 509 x 4 = ____
5. 920 x 1 = ____
6. 273 x 2 = ____
7. 575 x 7 = ____
8. 974 x 1 = ____
9. 820 x 9 = ____
10. 369 x 8 = ____

11. 722 x 1 = ____
12. 905 x 4 = ____
13. 589 x 3 = ____
14. 602 x 7 = ____
15. 579 x 2 = ____
16. 510 x 5 = ____
17. 394 x 6 = ____
18. 155 x 1 = ____
19. 678 x 2 = ____
20. 609 x 5 = ____

Name:_____ Date:_____ Score:_____

7-Multiply (3 digits by 1 digit)

1. 662 x 4 = ____
2. 655 x 6 = ____
3. 761 x 4 = ____
4. 754 x 6 = ____
5. 524 x 1 = ____
6. 707 x 4 = ____
7. 622 x 9 = ____
8. 360 x 8 = ____
9. 870 x 5 = ____
10. 380 x 1 = ____

11. 179 x 7 = ____
12. 578 x 1 = ____
13. 464 x 4 = ____
14. 457 x 6 = ____
15. 193 x 3 = ____
16. 206 x 7 = ____
17. 787 x 3 = ____
18. 800 x 7 = ____
19. 480 x 2 = ____
20. 411 x 5 = ____

Name:_____ Date:_____ Score:_____

7-Multiply (3 digits by 1 digit)

1. 295 x 6 = ____
2. 112 x 3 = ____
3. 721 x 9 = ____
4. 459 x 8 = ____
5. 919 x 9 = ____
6. 410 x 4 = ____
7. 218 x 1 = ____
8. 471 x 2 = ____
9. 515 x 1 = ____
10. 768 x 2 = ____

11. 969 x 5 = ____
12. 479 x 1 = ____
13. 767 x 1 = ____
14. 160 x 6 = ____
15. 773 x 7 = ____
16. 958 x 3 = ____
17. 688 x 3 = ____
18. 701 x 7 = ____
19. 381 x 2 = ____
20. 312 x 5 = ____

Name:_____ Date:_____ Score:_____

7-Multiply (3 digits by 1 digit)

1. 493 x 6 = ____
2. 211 x 3 = ____
3. 918 x 8 = ____
4. 899 x 7 = ____
5. 490 x 3 = ____
6. 503 x 7 = ____
7. 872 x 7 = ____
8. 168 x 5 = ____
9. 425 x 1 = ____
10. 608 x 4 = ____
11. 623 x 1 = ____
12. 806 x 4 = ____
13. 416 x 1 = ____
14. 669 x 2 = ____
15. 177 x 5 = ____
16. 281 x 1 = ____
17. 668 x 1 = ____
18. 950 x 4 = ____
19. 713 x 1 = ____
20. 966 x 2 = ____

Name:_____ Date:_____ Score:_____

7-Multiply (3 digits by 1 digit)

1. 476 × 7
2. 875 × 1
3. 674 × 7
4. 184 × 3

5. 563 × 4
6. 556 × 6
7. 821 × 1
8. 174 × 2

9. 119 × 1
10. 372 × 2
11. 462 × 2
12. 190 × 9

13. 967 × 3
14. 356 × 4
15. 569 × 1
16. 424 × 9

17. 851 × 4
18. 162 × 8
19. 264 × 2
20. 482 × 4

Name: _____ Date: _____ Score: _____

7-Multiply (3 digits by 1 digit)

1. 957 × 2
2. 685 × 9
3. 363 × 2
4. 581 × 4

5. 165 × 2
6. 383 × 4
7. 365 × 4
8. 358 × 6

9. 660 × 2
10. 388 × 9
11. 759 × 2
12. 487 × 9

13. 858 × 2
14. 586 × 9
15. 389 × 1
16. 982 × 9

17. 313 × 6
18. 691 × 6
19. 610 × 6
20. 988 × 6

Name: _____ Date: _____ Score: _____

7-Multiply (3 digits by 1 digit)

1. 226 × 9
2. 879 × 5
3. 412 × 6
4. 790 × 6

5. 561 × 2
6. 289 × 9
7. 290 × 1
8. 883 × 9

9. 511 × 6
10. 889 × 6
11. 769 × 3
12. 158 × 4

13. 282 × 2
14. 213 × 5
15. 191 × 1
16. 784 × 9

17. 686 × 1
18. 384 × 5
19. 852 × 5
20. 185 × 4

Name:_____ Date:_____ Score:_____

7-Multiply (3 digits by 1 digit)

1.	2.	3.	4.
951 x 5	284 x 4	785 x 1	483 x 5

5.	6.	7.	8.
325 x 9	978 x 5	555 x 5	708 x 5

9.	10.	11.	12.
884 x 1	582 x 5	654 x 5	807 x 5

13.	14.	15.	16.
127 x 9	780 x 5	753 x 5	906 x 5

17.	18.	19.	20.
488 x 1	186 x 5	587 x 1	285 x 5

Name: _____ Date: _____ Score: _____

7-Multiply (3 digits by 1 digit)

1. 860 × 4
2. 853 × 6
3. 983 × 1
4. 681 × 5

5. 959 × 4
6. 952 × 6
7. 371 × 1
8. 653 × 4

9. 470 × 1
10. 752 × 4
11. 183 × 2
12. 114 × 5

13. 173 × 1
14. 455 × 4
15. 272 × 1
16. 554 × 4

17. 868 × 3
18. 257 × 4
19. 310 × 3
20. 353 × 1

Name:_____ Date:_____ Score:_____

8-Multiply (4 digits by 1 digit)

1. 6035 x 3 = _____
2. 8882 x 4 = _____
3. 8134 x 1 = _____
4. 9905 x 2 = _____
5. 7197 x 9 = _____
6. 9575 x 1 = _____
7. 7195 x 8 = _____
8. 9542 x 9 = _____
9. 7209 x 6 = _____
10. 9773 x 7 = _____

11. 7145 x 8 = _____
12. 9036 x 9 = _____
13. 1035 x 7 = _____
14. 8431 x 8 = _____
15. 7179 x 9 = _____
16. 9278 x 1 = _____
17. 7181 x 1 = _____
18. 9311 x 2 = _____
19. 7155 x 4 = _____
20. 9091 x 5 = _____

Name:_____ Date:_____ Score:_____

8-Multiply (4 digits by 1 digit)

1. 7151 x 2 = _____
2. 9069 x 3 = _____
3. 6045 x 8 = _____
4. 8937 x 9 = _____
5. 6057 x 5 = _____
6. 9003 x 6 = _____
7. 7185 x 3 = _____
8. 9377 x 4 = _____
9. 6041 x 6 = _____
10. 8915 x 7 = _____

11. 6053 x 3 = _____
12. 8981 x 4 = _____
13. 7201 x 2 = _____
14. 9641 x 3 = _____
15. 2236 x 1 = _____
16. 8563 x 2 = _____
17. 7213 x 8 = _____
18. 9839 x 9 = _____
19. 2238 x 2 = _____
20. 8574 x 3 = _____

Name:_____	Date:_____	Score:_____

8-Multiply (4 digits by 1 digit)

1. 2220 x 2 = _____
2. 8475 x 3 = _____
3. 2222 x 3 = _____
4. 8486 x 4 = _____
5. 6049 x 1 = _____
6. 8959 x 2 = _____
7. 6037 x 4 = _____
8. 8893 x 5 = _____
9. 7173 x 6 = _____
10. 9113 x 7 = _____

11. 7177 x 8 = _____
12. 9245 x 9 = _____
13. 2216 x 9 = _____
14. 8453 x 1 = _____
15. 7193 x 7 = _____
16. 9509 x 8 = _____
17. 7205 x 4 = _____
18. 9707 x 5 = _____
19. 2234 x 9 = _____
20. 8552 x 1 = _____

Name:_____ Date:_____ Score:_____

8-Multiply (4 digits by 1 digit)

1. 7211 x 7 = _____
2. 9806 x 8 = _____
3. 6039 x 5 = _____
4. 8904 x 6 = _____
5. 6043 x 7 = _____
6. 8926 x 8 = _____
7. 6061 x 7 = _____
8. 9025 x 8 = _____
9. 7149 x 1 = _____
10. 9058 x 2 = _____

11. 7175 x 7 = _____
12. 9124 x 8 = _____
13. 1034 x 6 = _____
14. 8420 x 7 = _____
15. 7189 x 5 = _____
16. 9443 x 6 = _____
17. 7203 x 3 = _____
18. 9674 x 4 = _____
19. 2232 x 8 = _____
20. 8541 x 9 = _____

Name:_____ Date:_____ Score:_____

8-Multiply (4 digits by 1 digit)

1. 7215 x 9 = ____
2. 9872 x 1 = ____
3. 7207 x 5 = ____
4. 9740 x 6 = ____
5. 7199 x 1 = ____
6. 9608 x 2 = ____
7. 7191 x 6 = ____
8. 9476 x 7 = ____
9. 6047 x 9 = ____
10. 8948 x 1 = ____
11. 6051 x 2 = ____
12. 8970 x 3 = ____
13. 7147 x 9 = ____
14. 9047 x 1 = ____
15. 7171 x 5 = ____
16. 9102 x 6 = ____
17. 1033 x 5 = ____
18. 8409 x 6 = ____
19. 7153 x 3 = ____
20. 9080 x 4 = ____

Name: _____ Date: _____ Score: _____

8-Multiply (4 digits by 1 digit)

1. 7183 × 2
2. 9344 × 3
3. 7187 × 4
4. 9410 × 5

5. 2218 × 1
6. 8464 × 2
7. 6055 × 4
8. 8992 × 5

9. 6059 × 6
10. 9014 × 7
11. 5249 × 2
12. 8673 × 3

13. 1027 × 8
14. 8277 × 9
15. 1032 × 4
16. 6033 × 2

17. 8398 × 5
18. 8871 × 3
19. 4983 × 9
20. 8651 × 1

Name: _____ Date: _____ Score: _____

8-Multiply (4 digits by 1 digit)

1. 6007 × 7
2. 8728 × 8
3. 5116 × 1
4. 8662 × 2

5. 4850 × 8
6. 8640 × 9
7. 2214 × 8
8. 8442 × 9

9. 6001 × 4
10. 8695 × 5
11. 6003 × 5
12. 8706 × 6

13. 6005 × 6
14. 8717 × 7
15. 1020 × 1
16. 8145 × 2

17. 6013 × 1
18. 8761 × 2
19. 1021 × 2
20. 8156 × 3

Name:_____ Date:_____ Score:_____

8-Multiply (4 digits by 1 digit)

1.
```
  1024
x    5
_____
```

2.
```
  8244
x    6
_____
```

3.
```
  6029
x    9
_____
```

4.
```
  8849
x    1
_____
```

5.
```
  1022
x    3
_____
```

6.
```
  8222
x    4
_____
```

7.
```
  5382
x    3
_____
```

8.
```
  8684
x    4
_____
```

9.
```
  6011
x    9
_____
```

10.
```
  8750
x    1
_____
```

11.
```
  1023
x    4
_____
```

12.
```
  8233
x    5
_____
```

13.
```
  1025
x    6
_____
```

14.
```
  8255
x    7
_____
```

15.
```
  2230
x    7
_____
```

16.
```
  8530
x    8
_____
```

17.
```
  6009
x    8
_____
```

18.
```
  8739
x    9
_____
```

19.
```
  6019
x    4
_____
```

20.
```
  8794
x    5
_____
```

Name:_____ Date:_____ Score:_____

8-Multiply (4 digits by 1 digit)

| 1. 2246 × 6 | 2. 8618 × 7 | 3. 4717 × 7 | 4. 8629 × 8 |

| 5. 6021 × 5 | 6. 8805 × 6 | 7. 6031 × 1 | 8. 8860 × 2 |

| 9. 2240 × 3 | 10. 8585 × 4 | 11. 6023 × 6 | 12. 8816 × 7 |

| 13. 2242 × 4 | 14. 8596 × 5 | 15. 6027 × 8 | 16. 8838 × 9 |

| 17. 2244 × 5 | 18. 8607 × 6 | 19. 6015 × 2 | 20. 8772 × 3 |

Name:_____ Date:_____ Score:_____

8-Multiply (4 digits by 1 digit)

1. 6017 × 3	2. 8783 × 4	3. 2224 × 4	4. 8497 × 5
5. 6025 × 7	6. 8827 × 8	7. 2226 × 5	8. 8508 × 6
9. 1030 × 2	10. 8376 × 3	11. 1031 × 3	12. 8387 × 4
13. 2228 × 6	14. 8519 × 7	15. 1028 × 9	16. 8354 × 1
17. 1029 × 1	18. 8365 × 2	19. 1026 × 7	20. 8266 × 8

Name:_____ Date:_____ Score:_____

9-Multiply (2 digits by 2 digits)

1. 11 x 67 = _____
2. 88 x 12 = _____
3. 28 x 25 = _____
4. 94 x 94 = _____
5. 11 x 16 = _____
6. 74 x 74 = _____
7. 17 x 99 = _____
8. 72 x 72 = _____
9. 20 x 21 = _____
10. 86 x 86 = _____

11. 44 x 81 = _____
12. 13 x 13 = _____
13. 30 x 26 = _____
14. 47 x 57 = _____
15. 32 x 91 = _____
16. 47 x 47 = _____
17. 62 x 92 = _____
18. 48 x 48 = _____
19. 41 x 86 = _____
20. 18 x 18 = _____

Name:_____ Date:_____ Score:_____

9-Multiply (2 digits by 2 digits)

1. 40 x 84 = _____
2. 16 x 16 = _____
3. 13 x 72 = _____
4. 93 x 17 = _____
5. 54 x 78 = _____
6. 99 x 23 = _____
7. 21 x 94 = _____
8. 50 x 50 = _____
9. 15 x 70 = _____
10. 91 x 15 = _____

11. 16 x 76 = _____
12. 97 x 21 = _____
13. 13 x 17 = _____
14. 78 x 78 = _____
15. 83 x 38 = _____
16. 59 x 69 = _____
17. 24 x 23 = _____
18. 90 x 90 = _____
19. 89 x 39 = _____
20. 60 x 10 = _____

Name:_____ Date:_____ Score:_____

9-Multiply (2 digits by 2 digits)

1. 88 x 30 = _____
2. 51 x 61 = _____
3. 90 x 31 = _____
4. 52 x 62 = _____
5. 55 x 74 = _____
6. 95 x 19 = _____
7. 56 x 68 = _____
8. 89 x 13 = _____
9. 42 x 88 = _____
10. 44 x 44 = _____
11. 58 x 90 = _____
12. 46 x 46 = _____
13. 74 x 28 = _____
14. 49 x 59 = _____
15. 20 x 98 = _____
16. 70 x 70 = _____
17. 16 x 19 = _____
18. 82 x 82 = _____
19. 80 x 37 = _____
20. 58 x 68 = _____

Name:_____ Date:_____ Score:_____

9-Multiply (2 digits by 2 digits)

1. 22 x 22 = ____
2. 88 x 88 = ____
3. 12 x 69 = ____
4. 90 x 14 = ____
5. 64 x 71 = ____
6. 92 x 16 = ____
7. 43 x 80 = ____
8. 12 x 12 = ____
9. 65 x 83 = ____
10. 15 x 15 = ____

11. 57 x 89 = ____
12. 45 x 45 = ____
13. 39 x 25 = ____
14. 46 x 56 = ____
15. 34 x 96 = ____
16. 52 x 52 = ____
17. 14 x 18 = ____
18. 80 x 80 = ____
19. 71 x 36 = ____
20. 57 x 67 = ____

Name:_____ Date:_____ Score:_____

9-Multiply (2 digits by 2 digits)

1. 26 x 24 = _____
2. 92 x 92 = _____
3. 18 x 20 = _____
4. 84 x 84 = _____
5. 12 x 18 = _____
6. 76 x 76 = _____
7. 19 x 97 = _____
8. 53 x 53 = _____
9. 49 x 73 = _____
10. 94 x 18 = _____
11. 14 x 75 = _____
12. 96 x 20 = _____
13. 60 x 82 = _____
14. 14 x 14 = _____
15. 63 x 87 = _____
16. 19 x 19 = _____
17. 38 x 24 = _____
18. 45 x 21 = _____
19. 61 x 85 = _____
20. 17 x 17 = _____

Name:_____ Date:_____ Score:_____

9-Multiply (2 digits by 2 digits)

1. 33 × 93
2. 49 × 49
3. 22 × 95
4. 51 × 51

5. 68 × 29
6. 50 × 60
7. 35 × 77
8. 98 × 22

9. 59 × 79
10. 11 × 11
11. 24 × 48
12. 69 × 78

13. 84 × 18
14. 39 × 15
15. 76 × 23
16. 52 × 66

17. 44 × 20
18. 87 × 11
19. 82 × 46
20. 67 × 80

Name: _____ Date: _____ Score: _____

9-Multiply (2 digits by 2 digits)

1. 77 × 53
2. 74 × 83
3. 87 × 47
4. 68 × 77

5. 75 × 45
6. 66 × 70
7. 31 × 27
8. 48 × 58

9. 93 × 50
10. 71 × 80
11. 95 × 51
12. 72 × 81

13. 29 × 52
14. 73 × 82
15. 67 × 11
16. 30 × 26

17. 18 × 56
18. 77 × 86
19. 99 × 12
20. 32 × 27

Name:_____ Date:_____ Score:_____

9-Multiply (2 digits by 2 digits)

1.
```
    91
x   15
```

2.
```
    36
x   12
```

3.
```
    50
x   64
```

4.
```
    85
x   94
```

5.
```
    81
x   13
```

6.
```
    34
x   28
```

7.
```
    85
x   49
```

8.
```
    70
x   79
```

9.
```
    48
x   55
```

10.
```
    76
x   85
```

11.
```
    26
x   14
```

12.
```
    35
x   11
```

13.
```
    92
x   16
```

14.
```
    37
x   13
```

15.
```
    69
x   35
```

16.
```
    56
x   66
```

17.
```
    79
x   54
```

18.
```
    75
x   84
```

19.
```
    46
x   59
```

20.
```
    80
x   89
```

Name:_____ Date:_____ Score:_____

9-Multiply (2 digits by 2 digits)

1. 97 × 43
2. 64 × 50
3. 73 × 44
4. 65 × 60

5. 53 × 60
6. 81 × 90
7. 51 × 65
8. 86 × 95

9. 25 × 40
10. 61 × 20
11. 47 × 61
12. 82 × 91

13. 96 × 41
14. 62 × 30
15. 27 × 63
16. 84 × 93

17. 36 × 42
18. 63 × 40
19. 23 × 57
20. 78 × 87

9-Multiply (2 digits by 2 digits)

1. 66 × 58
2. 79 × 88
3. 28 × 32
4. 53 × 63

5. 45 × 62
6. 83 × 92
7. 98 × 33
8. 54 × 64

9. 94 × 21
10. 42 × 18
11. 70 × 22
12. 43 × 19

13. 37 × 34
14. 55 × 65
15. 72 × 19
16. 40 × 16

17. 78 × 20
18. 41 × 17
19. 86 × 17
20. 38 × 14

Name:_____ Date:_____ Score:_____

10-Multiply (3 digits by 2 digits)

1. 588 x 29 = _____
2. 818 x 75 = _____
3. 270 x 47 = _____
4. 495 x 97 = _____
5. 244 x 42 = _____
6. 469 x 92 = _____
7. 648 x 41 = _____
8. 898 x 91 = _____
9. 261 x 45 = _____
10. 486 x 95 = _____

11. 208 x 34 = _____
12. 857 x 82 = _____
13. 947 x 15 = _____
14. 306 x 55 = _____
15. 628 x 37 = _____
16. 878 x 87 = _____
17. 226 x 38 = _____
18. 451 x 88 = _____
19. 967 x 35 = _____
20. 441 x 85 = _____

Name:_____ Date:_____ Score:_____

10-Multiply (3 digits by 2 digits)

1. 216 x 35 = ____
2. 433 x 84 = ____
3. 198 x 31 = ____
4. 406 x 78 = ____
5. 207 x 33 = ____
6. 423 x 81 = ____
7. 234 x 39 = ____
8. 459 x 89 = ____
9. 597 x 30 = ____
10. 405 x 77 = ____

11. 607 x 32 = ____
12. 415 x 80 = ____
13. 252 x 43 = ____
14. 477 x 93 = ____
15. 951 x 19 = ____
16. 333 x 61 = ____
17. 262 x 46 = ____
18. 487 x 96 = ____
19. 145 x 20 = ____
20. 748 x 61 = ____

Name:_____ Date:_____ Score:_____

10-Multiply (3 digits by 2 digits)

1. 135 x 17 = _____
2. 315 x 57 = _____
3. 528 x 17 = _____
4. 728 x 57 = _____
5. 963 x 31 = _____
6. 414 x 79 = _____
7. 961 x 29 = _____
8. 397 x 76 = _____
9. 627 x 36 = _____
10. 442 x 86 = _____

11. 225 x 37 = _____
12. 450 x 87 = _____
13. 527 x 16 = _____
14. 307 x 56 = _____
15. 243 x 41 = _____
16. 468 x 91 = _____
17. 253 x 44 = _____
18. 478 x 94 = _____
19. 538 x 19 = _____
20. 747 x 60 = _____

Name:_____ Date:_____ Score:_____

10-Multiply (3 digits by 2 digits)

1. 668 x 45 = ____
2. 918 x 95 = ____
3. 190 x 30 = ____
4. 827 x 76 = ____
5. 962 x 30 = ____
6. 828 x 77 = ____
7. 965 x 33 = ____
8. 424 x 82 = ____
9. 966 x 34 = ____
10. 858 x 83 = ____
11. 968 x 36 = ____
12. 877 x 86 = ____
13. 518 x 15 = ____
14. 717 x 54 = ____
15. 235 x 40 = ____
16. 460 x 90 = ____
17. 658 x 43 = ____
18. 908 x 93 = ____
19. 144 x 19 = ____
20. 325 x 60 = ____

Name:_____ Date:_____ Score:_____

10-Multiply (3 digits by 2 digits)

1. 677 x 46 = _____
2. 927 x 96 = _____
3. 667 x 44 = _____
4. 917 x 94 = _____
5. 657 x 42 = _____
6. 907 x 92 = _____
7. 647 x 40 = _____
8. 897 x 90 = _____
9. 598 x 31 = _____
10. 837 x 78 = _____

11. 199 x 32 = _____
12. 838 x 79 = _____
13. 617 x 34 = _____
14. 432 x 83 = _____
15. 217 x 36 = _____
16. 868 x 85 = _____
17. 126 x 15 = _____
18. 298 x 54 = _____
19. 618 x 35 = _____
20. 867 x 84 = _____

Name:_____ Date:_____ Score:_____

10-Multiply (3 digits by 2 digits)

1. 637
    x 38

2. 887
    x 88

3. 638
    x 39

4. 888
    x 89

5. 948
    x 16

6. 727
    x 56

7. 964
    x 32

8. 847
    x 80

9. 608
    x 33

10. 848
    x 81

11. 162
    x 23

12. 352
    x 66

13. 117
    x 13

14. 288
    x 51

15. 946
    x 14

16. 189
    x 29

17. 708
    x 53

18. 396
    x 75

19. 557
    x 22

20. 351
    x 65

Name: _____ Date: _____ Score: _____

10-Multiply (3 digits by 2 digits)

1. 956 × 24
2. 787 × 68
3. 954 × 22
4. 768 × 65

5. 154 × 22
6. 767 × 64
7. 127 × 16
8. 718 × 55

9. 955 × 23
10. 360 × 67
11. 163 × 24
12. 778 × 67

13. 567 × 24
14. 361 × 68
15. 100 × 10
16. 678 × 47

17. 957 × 25
18. 370 × 70
19. 108 × 11
20. 271 × 48

Name:_____   Date:_____   Score:_____

10-Multiply (3 digits by 2 digits)

1.   109 × 12
2.   688 × 49
3.   587 × 28
4.   388 × 74

5.   498 × 11
6.   687 × 48
7.   558 × 23
8.   777 × 66

9.   568 × 25
10.   788 × 69
11.   943 × 11
12.   279 × 49

13.   507 × 12
14.   280 × 50
15.   950 × 18
16.   738 × 59

17.   171 × 25
18.   369 × 69
19.   958 × 26
20.   798 × 71

Name:_____ Date:_____ Score:_____

10-Multiply (3 digits by 2 digits)

1. 548 × 21
2. 758 × 63
3. 953 × 21
4. 343 × 64

5. 180 × 27
6. 379 × 72
7. 960 × 28
8. 817 × 74

9. 547 × 20
10. 334 × 62
11. 578 × 27
12. 807 × 72

13. 952 × 20
14. 757 × 62
15. 181 × 28
16. 808 × 73

17. 153 × 21
18. 342 × 63
19. 172 × 26
20. 797 × 70

Name: _____ Date: _____ Score: _____

10-Multiply (3 digits by 2 digits)

1. 577 × 26	2. 378 × 71	3. 949 × 17	4. 316 × 58
5. 959 × 27	6. 387 × 73	7. 136 × 18	8. 737 × 58
9. 118 × 14	10. 707 × 52	11. 517 × 14	12. 297 × 53
13. 537 × 18	14. 324 × 59	15. 508 × 13	16. 698 × 51
17. 945 × 13	18. 289 × 52	19. 944 × 12	20. 697 × 50

Name:_____ Date:_____ Score:_____

11-Multiply (4 digits by 2 digits)

1. 8840 x 67 = _____
2. 4090 x 78 = _____
3. 9343 x 21 = _____
4. 8925 x 35 = _____
5. 6073 x 11 = _____
6. 8325 x 25 = _____
7. 5746 x 99 = _____
8. 8265 x 24 = _____
9. 8035 x 17 = _____
10. 8685 x 31 = _____

11. 5830 x 81 = _____
12. 4552 x 92 = _____
13. 3182 x 26 = _____
14. 5609 x 37 = _____
15. 3130 x 91 = _____
16. 7785 x 16 = _____
17. 3457 x 92 = _____
18. 7845 x 17 = _____
19. 9100 x 86 = _____
20. 4717 x 11 = _____

Name:_____ Date:_____ Score:_____

11-Multiply (4 digits by 2 digits)

1. 7792 x 84 = ____
2. 4651 x 95 = ____
3. 9530 x 72 = ____
4. 4255 x 83 = ____
5. 3868 x 78 = ____
6. 4453 x 89 = ____
7. 4111 x 94 = ____
8. 7965 x 19 = ____
9. 9254 x 70 = ____
10. 4189 x 81 = ____
11. 2560 x 76 = ____
12. 4387 x 87 = ____
13. 6727 x 13 = ____
14. 8445 x 27 = ____
15. 4838 x 38 = ____
16. 9761 x 49 = ____
17. 8689 x 19 = ____
18. 8805 x 33 = ____
19. 4976 x 39 = ____
20. 3166 x 50 = ____

Name:_____ Date:_____ Score:_____

11-Multiply (4 digits by 2 digits)

1. 3734 x 30 = _____
2. 6993 x 41 = _____
3. 3872 x 31 = _____
4. 7339 x 42 = _____
5. 9806 x 74 = _____
6. 4321 x 85 = _____
7. 8978 x 68 = _____
8. 4123 x 79 = _____
9. 2149 x 88 = _____
10. 4783 x 13 = _____

11. 2803 x 90 = _____
12. 4849 x 15 = _____
13. 3458 x 28 = _____
14. 6301 x 39 = _____
15. 5419 x 98 = _____
16. 8205 x 23 = _____
17. 7381 x 15 = _____
18. 8565 x 29 = _____
19. 4700 x 37 = _____
20. 9415 x 48 = _____

11-Multiply (4 digits by 2 digits)

1. 8362 x 18 = _____
2. 8745 x 32 = _____
3. 9116 x 69 = _____
4. 4156 x 80 = _____
5. 9392 x 71 = _____
6. 4222 x 82 = _____
7. 5176 x 80 = _____
8. 4519 x 91 = _____
9. 7138 x 83 = _____
10. 4618 x 94 = _____
11. 2476 x 89 = _____
12. 4816 x 14 = _____
13. 3044 x 25 = _____
14. 5263 x 36 = _____
15. 4765 x 96 = _____
16. 8085 x 21 = _____
17. 7054 x 14 = _____
18. 8505 x 28 = _____
19. 4562 x 36 = _____
20. 9069 x 47 = _____

Name:_____ Date:_____ Score:_____

11-Multiply (4 digits by 2 digits)

1. 9016 x 20 = ____
2. 8865 x 34 = ____
3. 7708 x 16 = ____
4. 8625 x 30 = ____
5. 6400 x 12 = ____
6. 8385 x 26 = ____
7. 5092 x 97 = ____
8. 8145 x 22 = ____
9. 9668 x 73 = ____
10. 4288 x 84 = ____

11. 9944 x 75 = ____
12. 4354 x 86 = ____
13. 6484 x 82 = ____
14. 4585 x 93 = ____
15. 9754 x 87 = ____
16. 4750 x 12 = ____
17. 2906 x 24 = ____
18. 4917 x 35 = ____
19. 8446 x 85 = ____
20. 4684 x 96 = ____

Name:_____ Date:_____ Score:_____

11-Multiply (4 digits by 2 digits)

1. 3784 × 93	2. 7905 × 18	3. 4438 × 95	4. 8025 × 20
5. 3596 × 29	6. 6647 × 40	7. 3214 × 77	8. 4420 × 88
9. 4522 × 79	10. 4486 × 90	11. 6218 × 48	12. 3463 × 59
13. 2078 × 18	14. 2841 × 29	15. 2768 × 23	16. 8702 × 66
17. 4571 × 34	18. 4057 × 77	19. 5942 × 46	20. 3397 × 57

Name: _____   Date: _____   Score: _____

11-Multiply (4 digits by 2 digits)

1.
```
  6908
x   53
_____
```

2.
```
  3628
x   64
_____
```

3.
```
  6080
x   47
_____
```

4.
```
  3430
x   58
_____
```

5.
```
  5804
x   45
_____
```

6.
```
  3364
x   56
_____
```

7.
```
  3320
x   27
_____
```

8.
```
  5955
x   38
_____
```

9.
```
  6494
x   50
_____
```

10.
```
  3529
x   61
_____
```

11.
```
  6632
x   51
_____
```

12.
```
  3562
x   62
_____
```

13.
```
  6770
x   52
_____
```

14.
```
  3595
x   63
_____
```

15.
```
  1112
x   11
_____
```

16.
```
  9670
x   22
_____
```

17.
```
  7322
x   56
_____
```

18.
```
  3727
x   67
_____
```

19.
```
  1250
x   12
_____
```

20.
```
  9997
x   23
_____
```

Name: _____ Date: _____ Score: _____

11-Multiply (4 digits by 2 digits)

1. 1664 × 15
2. 1803 × 26
3. 8426 × 64
4. 3991 × 75

5. 1388 × 13
6. 1111 × 24
7. 6356 × 49
8. 3496 × 60

9. 7184 × 55
10. 3694 × 66
11. 1526 × 14
12. 1457 × 25

13. 1802 × 16
14. 2149 × 27
15. 4424 × 35
16. 8723 × 46

17. 7046 × 54
18. 3661 × 65
19. 7736 × 59
20. 3826 × 70

Name: _____ Date: _____ Score: _____

11-Multiply (4 digits by 2 digits)

1.
```
  5528
x   43
```

2.
```
  3298
x   54
```

3.
```
  5666
x   44
```

4.
```
  3331
x   55
```

5.
```
  7874
x   60
```

6.
```
  3859
x   71
```

7.
```
  8564
x   65
```

8.
```
  4024
x   76
```

9.
```
  5114
x   40
```

10.
```
  3199
x   51
```

11.
```
  8012
x   61
```

12.
```
  3892
x   72
```

13.
```
  5252
x   41
```

14.
```
  3232
x   52
```

15.
```
  8288
x   63
```

16.
```
  3958
x   74
```

17.
```
  5390
x   42
```

18.
```
  3265
x   53
```

19.
```
  7460
x   57
```

20.
```
  3760
x   68
```

Name: _____ Date: _____ Score: _____

11-Multiply (4 digits by 2 digits)

1. 7598 × 58
2. 3793 × 69
3. 4010 × 32
4. 7685 × 43

5. 8150 × 62
6. 3925 × 73
7. 4148 × 33
8. 8031 × 44

9. 2492 × 21
10. 3879 × 32
11. 2630 × 22
12. 4225 × 33

13. 4286 × 34
14. 8377 × 45
15. 2216 × 19
16. 3187 × 30

17. 2354 × 20
18. 3533 × 31
19. 1940 × 17
20. 2495 × 28

Name:_____ Date:_____ Score:_____

12-Multiply (3 digits by 3 digits)

1. 391 x 214 = _____
2. 891 x 714 = _____
3. 610 x 433 = _____
4. 142 x 827 = _____
5. 560 x 383 = _____
6. 128 x 519 = _____
7. 551 x 374 = _____
8. 127 x 497 = _____
9. 590 x 413 = _____
10. 136 x 695 = _____
11. 461 x 284 = _____
12. 961 x 784 = _____
13. 190 x 560 = _____
14. 690 x 513 = _____
15. 511 x 334 = _____
16. 117 x 277 = _____
17. 520 x 343 = _____
18. 118 x 299 = _____
19. 490 x 313 = _____
20. 112 x 167 = _____

Name:_____ Date:_____ Score:_____

12-Multiply (3 digits by 3 digits)

1. 480 x 303 = _____
2. 980 x 803 = _____
3. 420 x 243 = _____
4. 920 x 743 = _____
5. 450 x 273 = _____
6. 950 x 773 = _____
7. 530 x 353 = _____
8. 122 x 387 = _____
9. 410 x 233 = _____
10. 910 x 733 = _____
11. 440 x 263 = _____
12. 940 x 763 = _____
13. 570 x 393 = _____
14. 132 x 607 = _____
15. 250 x 412 = _____
16. 750 x 573 = _____
17. 600 x 423 = _____
18. 138 x 739 = _____
19. 251 x 415 = _____
20. 751 x 574 = _____

Name:_____ Date:_____ Score:_____

12-Multiply (3 digits by 3 digits)

1. 210 x 960 = _____
2. 710 x 533 = _____
3. 211 x 980 = _____
4. 711 x 534 = _____
5. 430 x 253 = _____
6. 930 x 753 = _____
7. 400 x 223 = _____
8. 900 x 723 = _____
9. 500 x 323 = _____
10. 114 x 211 = _____
11. 510 x 333 = _____
12. 116 x 255 = _____
13. 200 x 760 = _____
14. 700 x 523 = _____
15. 550 x 373 = _____
16. 126 x 475 = _____
17. 580 x 403 = _____
18. 134 x 651 = _____
19. 241 x 385 = _____
20. 741 x 564 = _____

Name:_____ Date:_____ Score:_____

12-Multiply (3 digits by 3 digits)

1. 591 x 414 = _____
2. 137 x 717 = _____
3. 401 x 224 = _____
4. 901 x 724 = _____
5. 411 x 234 = _____
6. 911 x 734 = _____
7. 460 x 283 = _____
8. 960 x 783 = _____
9. 471 x 294 = _____
10. 971 x 794 = _____

11. 501 x 324 = _____
12. 115 x 233 = _____
13. 181 x 380 = _____
14. 681 x 504 = _____
15. 540 x 363 = _____
16. 124 x 431 = _____
17. 571 x 394 = _____
18. 133 x 629 = _____
19. 240 x 382 = _____
20. 740 x 563 = _____

Name:_____ Date:_____ Score:_____

12-Multiply (3 digits by 3 digits)

1. 601 x 424 = _____
2. 139 x 761 = _____
3. 581 x 404 = _____
4. 135 x 673 = _____
5. 561 x 384 = _____
6. 129 x 541 = _____
7. 541 x 364 = _____
8. 125 x 453 = _____
9. 421 x 244 = _____
10. 921 x 744 = _____

11. 431 x 254 = _____
12. 931 x 754 = _____
13. 470 x 293 = _____
14. 970 x 793 = _____
15. 491 x 314 = _____
16. 113 x 189 = _____
17. 180 x 360 = _____
18. 680 x 503 = _____
19. 481 x 304 = _____
20. 981 x 804 = _____

Name:_____ Date:_____ Score:_____

12-Multiply (3 digits by 3 digits)

1. 521 × 344
2. 119 × 321
3. 531 × 354
4. 123 × 409

5. 201 × 780
6. 701 × 524
7. 441 × 264
8. 941 × 764

9. 451 × 274
10. 951 × 774
11. 300 × 123
12. 800 × 623

13. 150 × 146
14. 650 × 473
15. 171 × 180
16. 390 × 213

17. 671 × 494
18. 890 × 713
19. 290 × 113
20. 790 × 613

12-Multiply (3 digits by 3 digits)

1. 321 × 144
2. 821 × 644
3. 291 × 114
4. 791 × 614

5. 281 × 104
6. 781 × 604
7. 191 × 580
8. 691 × 514

9. 310 × 133
10. 810 × 633
11. 311 × 134
12. 811 × 634

13. 320 × 143
14. 820 × 643
15. 111 × 145
16. 611 × 434

17. 340 × 163
18. 840 × 663
19. 120 × 343
20. 620 × 443

Name:_____ Date:_____ Score:_____

12-Multiply (3 digits by 3 digits)

1. 131 x 585
2. 631 x 454
3. 380 x 203
4. 880 x 703

5. 121 x 365
6. 621 x 444
7. 301 x 124
8. 801 x 624

9. 331 x 154
10. 831 x 654
11. 130 x 563
12. 630 x 453

13. 140 x 783
14. 640 x 463
15. 231 x 355
16. 731 x 554

17. 330 x 153
18. 830 x 653
19. 351 x 174
20. 851 x 674

Name: _____ Date: _____ Score: _____

12-Multiply (3 digits by 3 digits)

1. 271 × 654

2. 771 × 594

3. 280 × 103

4. 780 × 603

5. 360 × 183

6. 860 × 683

7. 381 × 204

8. 881 × 704

9. 260 × 442

10. 760 × 583

11. 361 × 184

12. 861 × 684

13. 261 × 445

14. 761 × 584

15. 371 × 194

16. 871 × 694

17. 270 × 632

18. 770 × 593

19. 341 × 164

20. 841 × 664

Name:_____ Date:_____ Score:_____

12-Multiply (3 digits by 3 digits)

1. 350 × 173
2. 850 × 673
3. 220 × 322
4. 720 × 543

5. 370 × 193
6. 870 × 693
7. 221 × 325
8. 721 × 544

9. 161 × 619
10. 661 × 484
11. 170 × 160
12. 670 × 493

13. 230 × 352
14. 730 × 553
15. 151 × 189
16. 651 × 474

17. 160 × 576
18. 660 × 483
19. 141 × 805
20. 641 × 464

13-Find The Missing factor or product

1. 7173 x _____ = 43038

2. 500 x _____ = 161500

3. 38 x _____ = 532

4. 86 x _____ = 344

5. 67 x _____ = 5360

6. 84 x _____ = 168

7. 68 x _____ = 1972

8. 81 x _____ = 648

9. 86 x _____ = 8170

10. 64 x _____ = 384

11. 2246 x _____ = 13476

12. 271 x _____ = 177234

13. 19 x _____ = 19

14. 718 x _____ = 39490

15. 88 x _____ = 2640

16. 89 x _____ = 712

17. 70 x _____ = 4900

18. 91 x _____ = 91

19. 72 x _____ = 5184

20. 59 x _____ = 59

Name:_____ Date:_____ Score:_____

13-Find The Missing factor or product

1. _____ x 4 = 33548
2. 670 x _____ = 330310
3. 9102 x _____ = 54612
4. _____ x 189 = 21357
5. _____ x 1 = 8849
6. 880 x _____ = 618640
7. 45 x _____ = 2025
8. 98 x _____ = 784
9. 8541 x _____ = 76869
10. _____ x 563 = 416620
11. _____ x 9 = 75978
12. 691 x _____ = 355174
13. _____ x 26 = 780
14. 78 x _____ = 312
15. _____ x 4 = 2036
16. 4255 x _____ = 353165
17. 53 x _____ = 3339
18. 70 x _____ = 280
19. _____ x 1 = 920
20. 3868 x _____ = 301704

Name:_____   Date:_____   Score:_____

13-Find The Missing factor or product

1. _____ x 1 = 51

2. 798 x _____ = 56658

3. 33 x 8 = _____

4. 548 x _____ = 11508

5. 8673 x 3 = _____

6. _____ x 623 = 498400

7. _____ x 6 = _____

8. 901 x _____ = 652324

9. 93 x 17 = _____

10. 54 x _____ = 216

11. 60 x _____ = 600

12. 92 x _____ = 184

13. 56 x 6 = _____

14. 388 x _____ = 28712

15. _____ x 51 = 2601

16. _____ x 8 = _____

17. 35 x _____ = 385

18. 76 x 2 = _____

19. 196 x _____ = 1176

20. _____ x 17 = 136595

Name:_____ Date:_____ Score:_____

13-Find The Missing factor or product

1. 25 x _____ = 1000
2. 68 x _____ = 204
3. 6043 x _____ = 42301
4. 411 x _____ = 96174
5. 7215 x _____ = 64935
6. 601 x _____ = 254824
7. 8794 x _____ = 43970
8. 851 x _____ = 573574
9. 2244 x _____ = 11220
10. 270 x _____ = 170640
11. 54 x _____ = 4212
12. 90 x _____ = 90
13. 45 x _____ = 360
14. 117 x _____ = 1521
15. 53 x _____ = 2809
16. 73 x _____ = 511
17. 18 x _____ = 1008
18. 74 x _____ = 74
19. 305 x _____ = 2135
20. 8265 x _____ = 198360

Name:_____ Date:_____ Score:_____

13-Find The Missing factor or product

1. _____ x 62 = 2790
2. 84 x _____ = 252
3. 92 x _____ = 1472
4. _____ x 5 = 310
5. _____ x 53 = 4081
6. 76 x _____ = 228
7. 49 x _____ = 3577
8. 16 x _____ = 112
9. 1033 x _____ = 5165
10. _____ x 360 = 64800

11. _____ x 8 = 8216
12. 150 x _____ = 21900
13. _____ x 9 = 79542
14. 871 x _____ = 604474
15. _____ x 21 = 420
16. 60 x _____ = 60
17. 40 x _____ = 240
18. 352 x _____ = 23232
19. _____ x 6 = 13368
20. 230 x _____ = 80960

Page 117

13-Find The Missing factor or product

1. _____ x 19 = 304
2. 96 x _____ = 672
3. 39 x 25 = _____
4. 71 x _____ = 426
5. 40 x 3 = _____
6. _____ x 11 = 5478
7. _____ x 4 = _____
8. 310 x _____ = 41230
9. 1022 x 3 = _____
10. 121 x _____ = 44165
11. 184 x _____ = 552
12. 8025 x _____ = 160500
13. 61 x 3 = _____
14. 827 x _____ = 62852
15. _____ x 5 = 70
16. _____ x 5 = _____
17. 126 x _____ = 1890
18. 900 x 723 = _____
19. 168 x _____ = 840
20. _____ x 22 = 179190

Name: _____ **Date:** _____ **Score:** _____

13-Find The Missing factor or product

1. 313 x _____ = 1878
2. 7322 x _____ = 410032
3. 425 x _____ = 425
4. 9668 x _____ = 705764
5. 767 x _____ = 767
6. 3044 x _____ = 76100
7. 40 x _____ = 280
8. 955 x _____ = 21965
9. 482 x _____ = 1928
10. 3397 x _____ = 193629
11. 957 x _____ = 1914
12. 6908 x _____ = 366124
13. 982 x _____ = 8838
14. 9670 x _____ = 212740
15. 57 x _____ = 456
16. 588 x _____ = 17052
17. 708 x _____ = 3540
18. 4024 x _____ = 305824
19. 83 x _____ = 83
20. 878 x _____ = 76386

13-Find The Missing factor or product

1. _____ x 3 = 276
2. 252 x _____ = 10836
3. 8981 x _____ = 35924
4. _____ x 763 = 717220
5. _____ x 1 = 82
6. 226 x _____ = 8588
7. 563 x _____ = 2252
8. 3596 x _____ = 104284
9. 282 x _____ = 564
10. _____ x 16 = 28832
11. _____ x 2 = 136
12. 415 x _____ = 33200
13. _____ x 2 = 120
14. 397 x _____ = 30172
15. _____ x 7 = 168
16. 537 x _____ = 9666
17. 158 x _____ = 632
18. 1457 x _____ = 36425
19. _____ x 4 = 3836
20. 8150 x _____ = 505300

13-Find The Missing factor or product

Name:_____ Date:_____ Score:_____

1. _____ x 3 = 2361
2. 7381 x _____ = 110715
3. 479 x 1 = _____
4. 4816 x _____ = 67424
5. 353 x 1 = _____
6. _____ x 28 = 69860
7. _____ x 2 = _____
8. 570 x _____ = 224010
9. 609 x 5 = _____
10. 3166 x _____ = 158300
11. 6035 x _____ = 18105
12. 391 x _____ = 83674
13. 662 x 4 = _____
14. 3734 x _____ = 112020
15. _____ x 1 = 7181
16. _____ x 343 = _____
17. 206 x _____ = 1442
18. 8205 x 23 = _____
19. 884 x _____ = 884
20. _____ x 40 = 204560

Page 121

Name:_____ Date:_____ Score:_____

13-Find The Missing factor or product

1. _____ x 5 = 3405

2. 7685 x _____ = 330455

3. 55 x 5 = _____

4. 808 x _____ = 58984

5. 9278 x 1 = _____

6. _____ x 277 = 32409

7. _____ x 7 = _____

8. 153 x _____ = 3213

9. 99 x 2 = _____

10. 677 x _____ = 31142

11. 79 x _____ = 395

12. 868 x _____ = 73780

13. 14 x 4 = _____

14. 297 x _____ = 15741

15. _____ x 4 = 244

16. _____ x 30 = _____

17. 28 x _____ = 56

18. 325 x 60 = _____

19. 78 x _____ = 390

20. _____ x 36 = 22572

Name:_____ Date:_____ Score:_____

14-Distributive property

1. 9 x 72 = (__ x __) + (__ x __) = __ + __ =

2. 4 x 89 = (__ x __) + (__ x __) = __ + __ =

3. 7 x 55 = (__ x __) + (__ x __) = __ + __ =

4. 6 x 54 = (__ x __) + (__ x __) = __ + __ =

5. 6 x 62 = (__ x __) + (__ x __) = __ + __ =

6. 8 x 87 = (__ x __) + (__ x __) = __ + __ =

7. 3 x 26 = (__ x __) + (__ x __) = __ + __ =

8. 3 x 98 = (__ x __) + (__ x __) = __ + __ =

9. 4 x 99 = (__ x __) + (__ x __) = __ + __ =

10. 6 x 93 = (__ x __) + (__ x __) = __ + __ =

Name:_____ Date:_____ Score:_____

14-Distributive property

1. 4 x 91 = (x   ) + (x   ) =   +   = _____

2. 6 x 77 = (x   ) + (x   ) =   +   = _____

3. 5 x 84 = (x   ) + (x   ) =   +   = _____

4. 8 x 48 = (x   ) + (x   ) =   +   = _____

5. 4 x 75 = (x   ) + (x   ) =   +   = _____

6. 3 x 82 = (x   ) + (x   ) =   +   = _____

7. 9 x 57 = (x   ) + (x   ) =   +   = _____

8. 8 x 39 = (x   ) + (x   ) =   +   = _____

9. 9 x 87 = (x   ) + (x   ) =   +   = _____

10. 2 x 41 = (x   ) + (x   ) =   +   = _____

Name:_____ Date:_____ Score:_____

14-Distributive property

1. 8 x 31 = (x   ) + (x   ) =   +   = _____

2. 9 x 32 = (x   ) + (x   ) =   +   = _____

3. 8 x 79 = (x   ) + (x   ) =   +   = _____

4. 2 x 73 = (x   ) + (x   ) =   +   = _____

5. 8 x 95 = (x   ) + (x   ) =   +   = _____

6. 2 x 97 = (x   ) + (x   ) =   +   = _____

7. 5 x 28 = (x   ) + (x   ) =   +   = _____

8. 5 x 53 = (x   ) + (x   ) =   +   = _____

9. 3 x 59 = (x   ) + (x   ) =   +   = _____

10. 7 x 38 = (x   ) + (x   ) =   +   = _____

Name:_____ Date:_____ Score:_____

14-Distributive property

1. 7 x 63 = (x   ) + (x   ) = ___ + ___ = ___

2. 3 x 74 = (x   ) + (x   ) = ___ + ___ = ___

3. 5 x 76 = (x   ) + (x   ) = ___ + ___ = ___

4. 7 x 86 = (x   ) + (x   ) = ___ + ___ = ___

5. 2 x 89 = (x   ) + (x   ) = ___ + ___ = ___

6. 9 x 96 = (x   ) + (x   ) = ___ + ___ = ___

7. 2 x 25 = (x   ) + (x   ) = ___ + ___ = ___

8. 2 x 51 = (x   ) + (x   ) = ___ + ___ = ___

9. 2 x 58 = (x   ) + (x   ) = ___ + ___ = ___

10. 6 x 37 = (x   ) + (x   ) = ___ + ___ = ___

Name:_____ Date:_____ Score:_____

14-Distributive property

1. 2 x 88 = (x   ) + (x   ) = ___ + ___ = _____

2. 4 x 61 = (x   ) + (x   ) = ___ + ___ = _____

3. 8 x 56 = (x   ) + (x   ) = ___ + ___ = _____

4. 4 x 52 = (x   ) + (x   ) = ___ + ___ = _____

5. 7 x 78 = (x   ) + (x   ) = ___ + ___ = _____

6. 2 x 81 = (x   ) + (x   ) = ___ + ___ = _____

7. 9 x 88 = (x   ) + (x   ) = ___ + ___ = _____

8. 7 x 94 = (x   ) + (x   ) = ___ + ___ = _____

9. 9 x 24 = (x   ) + (x   ) = ___ + ___ = _____

10. 5 x 92 = (x   ) + (x   ) = ___ + ___ = _____

Name:_____ Date:_____ Score:_____

14-Distributive property

1. 7 x 47 = (x   ) + (x   ) =   +   = _____
2. 9 x 49 = (x   ) + (x   ) =   +   = _____
3. 6 x 29 = (x   ) + (x   ) =   +   = _____
4. 4 x 83 = (x   ) + (x   ) =   +   = _____
5. 6 x 85 = (x   ) + (x   ) =   +   = _____
6. 4 x 51 = (x   ) + (x   ) =   +   = _____
7. 3 x 18 = (x   ) + (x   ) =   +   = _____
8. 8 x 23 = (x   ) + (x   ) =   +   = _____
9. 8 x 71 = (x   ) + (x   ) =   +   = _____
10. 9 x 48 = (x   ) + (x   ) =   +   = _____

Name:_____ Date:_____ Score:_____

14-Distributive property

1. 9 x 56 = (x   ) + (x   ) = ___ + ___ = ___

2. 2 x 49 = (x   ) + (x   ) = ___ + ___ = ___

3. 8 x 47 = (x   ) + (x   ) = ___ + ___ = ___

4. 4 x 27 = (x   ) + (x   ) = ___ + ___ = ___

5. 6 x 53 = (x   ) + (x   ) = ___ + ___ = ___

6. 7 x 54 = (x   ) + (x   ) = ___ + ___ = ___

7. 8 x 55 = (x   ) + (x   ) = ___ + ___ = ___

8. 4 x 11 = (x   ) + (x   ) = ___ + ___ = ___

9. 4 x 59 = (x   ) + (x   ) = ___ + ___ = ___

10. 5 x 12 = (x   ) + (x   ) = ___ + ___ = ___

Name:_____ Date:_____ Score:_____

14-Distributive property

1. 8 x 15 = (x   ) + (x   ) =   +   = _____

2. 5 x 68 = (x   ) + (x   ) =   +   = _____

3. 6 x 13 = (x   ) + (x   ) =   +   = _____

4. 5 x 52 = (x   ) + (x   ) =   +   = _____

5. 3 x 58 = (x   ) + (x   ) =   +   = _____

6. 7 x 14 = (x   ) + (x   ) =   +   = _____

7. 9 x 16 = (x   ) + (x   ) =   +   = _____

8. 5 x 36 = (x   ) + (x   ) =   +   = _____

9. 2 x 57 = (x   ) + (x   ) =   +   = _____

10. 8 x 63 = (x   ) + (x   ) =   +   = _____

Name:_____ Date:_____ Score:_____

14-Distributive property

1. 6 x 45 = (x   ) + (x   ) =   +   =

2. 7 x 46 = (x   ) + (x   ) =   +   =

3. 9 x 64 = (x   ) + (x   ) =   +   =

4. 6 x 69 = (x   ) + (x   ) =   +   =

5. 3 x 42 = (x   ) + (x   ) =   +   =

6. 2 x 65 = (x   ) + (x   ) =   +   =

7. 4 x 43 = (x   ) + (x   ) =   +   =

8. 4 x 67 = (x   ) + (x   ) =   +   =

9. 5 x 44 = (x   ) + (x   ) =   +   =

10. 6 x 61 = (x   ) + (x   ) =   +   =

Name:_____ Date:_____ Score:_____

14-Distributive property

1. 7 x 62 = (x   ) + (x   ) =   +   = _____

2. 2 x 33 = (x   ) + (x   ) =   +   = _____

3. 3 x 66 = (x   ) + (x   ) =   +   = _____

4. 3 x 34 = (x   ) + (x   ) =   +   = _____

5. 6 x 21 = (x   ) + (x   ) =   +   = _____

6. 7 x 22 = (x   ) + (x   ) =   +   = _____

7. 4 x 35 = (x   ) + (x   ) =   +   = _____

8. 4 x 19 = (x   ) + (x   ) =   +   = _____

9. 5 x 20 = (x   ) + (x   ) =   +   = _____

10. 2 x 17 = (x   ) + (x   ) =   +   = _____

Name: _____ Date: _____ Score: _____

1-Division Facts

1. 80 ÷ 8 = ____
2. 32 ÷ 4 = ____
3. 36 ÷ 6 = ____
4. 99 ÷ 9 = ____
5. 30 ÷ 5 = ____
6. 30 ÷ 10 = ____
7. 18 ÷ 6 = ____
8. 11 ÷ 1 = ____
9. 48 ÷ 6 = ____
10. 10 ÷ 10 = ____

11. 49 ÷ 7 = ____
12. 15 ÷ 5 = ____
13. 72 ÷ 6 = ____
14. 40 ÷ 5 = ____
15. 27 ÷ 9 = ____
16. 48 ÷ 4 = ____
17. 48 ÷ 8 = ____
18. 12 ÷ 4 = ____
19. 35 ÷ 7 = ____
20. 32 ÷ 4 = ____

Name:_____ Date:_____ Score:_____

1-Division Facts

1. 70 ÷ 10 = ____
2. 121 ÷ 11 = ____
3. 32 ÷ 8 = ____
4. 12 ÷ 12 = ____
5. 6 ÷ 6 = ____
6. 40 ÷ 4 = ____
7. 16 ÷ 8 = ____
8. 22 ÷ 11 = ____
9. 77 ÷ 11 = ____
10. 16 ÷ 4 = ____
11. 20 ÷ 5 = ____
12. 20 ÷ 4 = ____
13. 40 ÷ 5 = ____
14. 40 ÷ 10 = ____
15. 21 ÷ 7 = ____
16. 90 ÷ 10 = ____
17. 60 ÷ 10 = ____
18. 20 ÷ 10 = ____
19. 60 ÷ 5 = ____
20. 16 ÷ 4 = ____

Name:_____ Date:_____ Score:_____

1-Division Facts

1. $42 \div 6 = $ _____
2. $48 \div 12 = $ _____
3. $14 \div 7 = $ _____
4. $28 \div 4 = $ _____
5. $10 \div 5 = $ _____
6. $24 \div 12 = $ _____
7. $8 \div 8 = $ _____
8. $144 \div 12 = $ _____
9. $84 \div 7 = $ _____
10. $132 \div 11 = $ _____
11. $66 \div 11 = $ _____
12. $8 \div 4 = $ _____
13. $7 \div 7 = $ _____
14. $44 \div 4 = $ _____
15. $42 \div 7 = $ _____
16. $33 \div 11 = $ _____
17. $18 \div 6 = $ _____
18. $44 \div 11 = $ _____
19. $84 \div 7 = $ _____
20. $10 \div 2 = $ _____

Name: _____ **Date:** _____ **Score:** _____

1-Division Facts

1. $4 \div 2 = $ _____
2. $10 \div 1 = $ _____
3. $9 \div 3 = $ _____
4. $5 \div 5 = $ _____
5. $9 \div 9 = $ _____
6. $27 \div 3 = $ _____
7. $24 \div 6 = $ _____
8. $110 \div 11 = $ _____
9. $6 \div 2 = $ _____
10. $21 \div 3 = $ _____
11. $6 \div 3 = $ _____
12. $44 \div 4 = $ _____
13. $63 \div 7 = $ _____
14. $2 \div 2 = $ _____
15. $70 \div 7 = $ _____
16. $28 \div 4 = $ _____
17. $72 \div 6 = $ _____
18. $24 \div 2 = $ _____
19. $55 \div 5 = $ _____
20. $36 \div 12 = $ _____

Name:_____ Date:_____ Score:_____

1-Division Facts

1. $21 \div 7 =$ ____
2. $7 \div 1 =$ ____
3. $35 \div 7 =$ ____
4. $9 \div 1 =$ ____
5. $30 \div 6 =$ ____
6. $12 \div 1 =$ ____
7. $24 \div 8 =$ ____
8. $22 \div 2 =$ ____
9. $55 \div 5 =$ ____
10. $30 \div 3 =$ ____
11. $6 \div 6 =$ ____
12. $10 \div 5 =$ ____
13. $60 \div 6 =$ ____
14. $24 \div 4 =$ ____
15. $72 \div 8 =$ ____
16. $24 \div 3 =$ ____
17. $80 \div 10 =$ ____
18. $108 \div 9 =$ ____
19. $16 \div 8 =$ ____
20. $25 \div 5 =$ ____

Name:_____ Date:_____ Score:_____

1-Division Facts

1. $88 \div 8 =$ _____
2. $20 \div 2 =$ _____
3. $56 \div 8 =$ _____
4. $20 \div 5 =$ _____
5. $28 \div 7 =$ _____
6. $36 \div 3 =$ _____
7. $60 \div 6 =$ _____
8. $35 \div 5 =$ _____
9. $7 \div 7 =$ _____
10. $18 \div 3 =$ _____
11. $40 \div 8 =$ _____
12. $4 \div 4 =$ _____
13. $56 \div 7 =$ _____
14. $50 \div 5 =$ _____
15. $8 \div 2 =$ _____
16. $49 \div 7 =$ _____
17. $8 \div 1 =$ _____
18. $55 \div 11 =$ _____
19. $88 \div 11 =$ _____
20. $45 \div 9 =$ _____

Name:_____ Date:_____ Score:_____

1-Division Facts

1. 18 ÷ 2 = ____
2. 30 ÷ 5 = ____
3. 18 ÷ 9 = ____
4. 40 ÷ 4 = ____
5. 12 ÷ 3 = ____
6. 1 ÷ 1 = ____
7. 70 ÷ 7 = ____
8. 50 ÷ 10 = ____
9. 99 ÷ 11 = ____
10. 54 ÷ 9 = ____

11. 16 ÷ 2 = ____
12. 5 ÷ 1 = ____
13. 120 ÷ 10 = ____
14. 81 ÷ 9 = ____
15. 45 ÷ 5 = ____
16. 77 ÷ 7 = ____
17. 35 ÷ 5 = ____
18. 63 ÷ 9 = ____
19. 48 ÷ 4 = ____
20. 14 ÷ 7 = ____

Name:_____   Date:_____   Score:_____

1-Division Facts

1. 48 ÷ 8 = ____
2. 14 ÷ 2 = ____
3. 100 ÷ 10 = ____
4. 90 ÷ 9 = ____
5. 36 ÷ 9 = ____
6. 8 ÷ 8 = ____
7. 15 ÷ 3 = ____
8. 2 ÷ 1 = ____
9. 24 ÷ 6 = ____
10. 3 ÷ 1 = ____
11. 56 ÷ 8 = ____
12. 28 ÷ 7 = ____
13. 63 ÷ 7 = ____
14. 110 ÷ 10 = ____
15. 48 ÷ 6 = ____
16. 33 ÷ 3 = ____
17. 11 ÷ 11 = ____
18. 36 ÷ 4 = ____
19. 42 ÷ 7 = ____
20. 36 ÷ 4 = ____

Name:_____ Date:_____ Score:_____

1-Division Facts

1. 64 ÷ 8 = ____
2. 24 ÷ 4 = ____
3. 77 ÷ 7 = ____
4. 120 ÷ 12 = ____
5. 54 ÷ 6 = ____
6. 36 ÷ 3 = ____
7. 32 ÷ 8 = ____
8. 3 ÷ 3 = ____
9. 15 ÷ 5 = ____
10. 96 ÷ 12 = ____

11. 56 ÷ 7 = ____
12. 4 ÷ 1 = ____
13. 36 ÷ 6 = ____
14. 20 ÷ 4 = ____
15. 12 ÷ 2 = ____
16. 6 ÷ 1 = ____
17. 45 ÷ 5 = ____
18. 108 ÷ 12 = ____
19. 50 ÷ 5 = ____
20. 12 ÷ 4 = ____

Name:_____ Date:_____ Score:_____

1-Division Facts

1. $5 \div 5 =$ ____
2. $84 \div 12 =$ ____
3. $30 \div 6 =$ ____
4. $132 \div 12 =$ ____
5. $66 \div 6 =$ ____
6. $72 \div 9 =$ ____
7. $12 \div 6 =$ ____
8. $4 \div 4 =$ ____
9. $66 \div 6 =$ ____
10. $8 \div 4 =$ ____
11. $12 \div 6 =$ ____
12. $72 \div 12 =$ ____
13. $25 \div 5 =$ ____
14. $60 \div 12 =$ ____
15. $96 \div 8 =$ ____
16. $54 \div 6 =$ ____
17. $24 \div 8 =$ ____
18. $60 \div 5 =$ ____
19. $40 \div 8 =$ ____
20. $42 \div 6 =$ ____

Name:_____ Date:_____ Score:_____

2-Find The Missing Dividen or divisor

1. 18 ÷ ___ = 3
2. 11 ÷ ___ = 1
3. 25 ÷ ___ = 5
4. 42 ÷ ___ = 7
5. 30 ÷ ___ = 10
6. 8 ÷ ___ = 2
7. 55 ÷ ___ = 11
8. 66 ÷ ___ = 11
9. 24 ÷ ___ = 8
10. 54 ÷ ___ = 9

11. 6 ÷ ___ = 2
12. 56 ÷ ___ = 8
13. 48 ÷ ___ = 12
14. 49 ÷ ___ = 7
15. 21 ÷ ___ = 3
16. 5 ÷ ___ = 1
17. 7 ÷ ___ = 7
18. 84 ÷ ___ = 7
19. 28 ÷ ___ = 7
20. 6 ÷ ___ = 6

Name:_____ Date:_____ Score:_____

2-Find The Missing Dividen or divisor

1. 2 ÷ ___ = 1
2. 20 ÷ ___ = 5
3. 10 ÷ ___ = 10
4. 24 ÷ ___ = 6
5. 110 ÷ ___ = 10
6. 3 ÷ ___ = 1
7. 9 ÷ ___ = 9
8. 132 ÷ ___ = 11
9. 10 ÷ ___ = 5
10. 36 ÷ ___ = 9
11. 27 ÷ ___ = 9
12. 36 ÷ ___ = 12
13. 10 ÷ ___ = 2
14. 72 ÷ ___ = 6
15. 22 ÷ ___ = 2
16. 50 ÷ ___ = 5
17. 108 ÷ ___ = 12
18. 60 ÷ ___ = 12
19. 77 ÷ ___ = 7
20. 99 ÷ ___ = 9

Name:_____ Date:_____ Score:_____

2-Find The Missing Dividen or divisor

1. 32 ÷ ___ = 8
2. 45 ÷ ___ = 5
3. 70 ÷ ___ = 7
4. 18 ÷ ___ = 9
5. 5 ÷ ___ = 1
6. 120 ÷ ___ = 10
7. 44 ÷ ___ = 4
8. 36 ÷ ___ = 9
9. 24 ÷ ___ = 12
10. 108 ÷ ___ = 9

11. 36 ÷ ___ = 3
12. 12 ÷ ___ = 3
13. 12 ÷ ___ = 3
14. 55 ÷ ___ = 5
15. 22 ÷ ___ = 11
16. 4 ÷ ___ = 1
17. 24 ÷ ___ = 6
18. 60 ÷ ___ = 5
19. 16 ÷ ___ = 2
20. 70 ÷ ___ = 10

2-Find The Missing Dividen or divisor

1. 80 ÷ ___ = 8
2. 24 ÷ ___ = 3
3. 84 ÷ ___ = 12
4. 42 ÷ ___ = 6
5. 4 ÷ ___ = 2
6. 64 ÷ ___ = 8
7. 21 ÷ ___ = 7
8. 96 ÷ ___ = 8
9. 63 ÷ ___ = 9
10. 36 ÷ ___ = 6
11. 55 ÷ ___ = 11
12. 50 ÷ ___ = 10
13. 27 ÷ ___ = 3
14. 8 ÷ ___ = 4
15. 12 ÷ ___ = 12
16. 72 ÷ ___ = 8
17. 60 ÷ ___ = 10
18. 25 ÷ ___ = 5
19. 40 ÷ ___ = 10
20. 1 ÷ ___ = 1

| | Name:_____ | Date:_____ | Score:_____ |

2-Find The Missing Dividen or divisor

1. 16 ÷ ___ = 2
2. 40 ÷ ___ = 5
3. 72 ÷ ___ = 9
4. 96 ÷ ___ = 12
5. 6 ÷ ___ = 1
6. 12 ÷ ___ = 2
7. 24 ÷ ___ = 3
8. 12 ÷ ___ = 2
9. 9 ÷ ___ = 3
10. 77 ÷ ___ = 11
11. 9 ÷ ___ = 1
12. 54 ÷ ___ = 9
13. 44 ÷ ___ = 11
14. 4 ÷ ___ = 4
15. 72 ÷ ___ = 12
16. 45 ÷ ___ = 9
17. 40 ÷ ___ = 8
18. 50 ÷ ___ = 10
19. 70 ÷ ___ = 10
20. 12 ÷ ___ = 6

Name:_____ Date:_____ Score:_____

2-Find The Missing Dividen or divisor

1. 35 ÷ ___ = 5
2. 30 ÷ ___ = 5
3. 30 ÷ ___ = 5
4. 66 ÷ ___ = 11
5. 35 ÷ ___ = 5
6. 88 ÷ ___ = 8
7. 24 ÷ ___ = 4
8. 32 ÷ ___ = 4
9. 6 ÷ ___ = 3
10. 15 ÷ ___ = 3

11. 20 ÷ ___ = 2
12. 63 ÷ ___ = 7
13. 11 ÷ ___ = 11
14. 35 ÷ ___ = 7
15. 72 ÷ ___ = 12
16. 33 ÷ ___ = 3
17. 56 ÷ ___ = 8
18. 33 ÷ ___ = 11
19. 90 ÷ ___ = 9
20. 77 ÷ ___ = 11

Name:_____ Date:_____ Score:_____

2-Find The Missing Dividen or divisor

1. ___ ÷ 7 = 2

2. 100 ÷ ___ = 10

3. 60 ÷ ___ = 6

4. ___ ÷ 5 = 7

5. ___ ÷ 7 = 3

6. 45 ÷ ___ = 9

7. 48 ÷ ___ = 6

8. 8 ÷ ___ = 8

9. 16 ÷ ___ = 4

10. ___ ÷ 7 = 2

11. ___ ÷ 6 = 7

12. 48 ÷ ___ = 6

13. ___ ÷ 12 = 4

14. 14 ÷ ___ = 7

15. ___ ÷ 8 = 10

16. 88 ÷ ___ = 11

17. 24 ÷ ___ = 2

18. 8 ÷ ___ = 1

19. ___ ÷ 4 = 8

20. 20 ÷ ___ = 10

Name:_____ Date:_____ Score:_____

2-Find The Missing Dividen or divisor

1. ____ ÷ 5 = 6
2. 28 ÷ ____ = 4
3. 44 ÷ ____ = 11
4. ____ ÷ 10 = 11
5. ____ ÷ 6 = 6
6. 56 ÷ ____ = 7
7. 60 ÷ ____ = 12
8. 48 ÷ ____ = 12
9. 10 ÷ ____ = 2
10. ____ ÷ 9 = 4

11. ____ ÷ 9 = 11
12. 20 ÷ ____ = 4
13. ____ ÷ 10 = 3
14. 36 ÷ ____ = 12
15. ____ ÷ 6 = 1
16. 12 ÷ ____ = 4
17. 28 ÷ ____ = 7
18. 90 ÷ ____ = 10
19. ____ ÷ 7 = 12
20. 24 ÷ ____ = 4

2-Find The Missing Dividen or divisor

1. ___ ÷ 5 = 8
2. 120 ÷ ___ = 12
3. 40 ÷ ___ = 4
4. ___ ÷ 9 = 9
5. ___ ÷ 11 = 12
6. 3 ÷ ___ = 3
7. 42 ÷ ___ = 6
8. 48 ÷ ___ = 8
9. 16 ÷ ___ = 4
10. ___ ÷ 9 = 6
11. ___ ÷ 11 = 6
12. 56 ÷ ___ = 7
13. ___ ÷ 5 = 4
14. 16 ÷ ___ = 8
15. ___ ÷ 7 = 1
16. 63 ÷ ___ = 9
17. 20 ÷ ___ = 5
18. 5 ÷ ___ = 5
19. ___ ÷ 8 = 1
20. 15 ÷ ___ = 5

Name: _____ Date: _____ Score: _____

2-Find The Missing Dividen or divisor

1. ____ ÷ 12 = 12

2. 2 ÷ ____ = 2

3. 121 ÷ ____ = 11

4. ____ ÷ 5 = 6

5. ____ ÷ 4 = 2

6. 28 ÷ ____ = 4

7. 32 ÷ ____ = 4

8. 18 ÷ ____ = 2

9. 49 ÷ ____ = 7

10. ____ ÷ 8 = 5

11. ____ ÷ 5 = 3

12. 4 ÷ ____ = 1

13. ____ ÷ 12 = 1

14. 40 ÷ ____ = 10

15. ____ ÷ 6 = 8

16. 7 ÷ ____ = 1

17. 10 ÷ ____ = 1

18. 18 ÷ ____ = 6

19. ____ ÷ 6 = 3

20. 60 ÷ ____ = 10

Name:_____ Date:_____ Score:_____

3-Divide by 10

1. 940 ÷ 10 = _____
2. 440 ÷ 10 = _____
3. 760 ÷ 10 = _____
4. 80 ÷ 10 = _____
5. 640 ÷ 10 = _____
6. 120 ÷ 10 = _____
7. 630 ÷ 10 = _____
8. 110 ÷ 10 = _____
9. 780 ÷ 10 = _____
10. 100 ÷ 10 = _____

11. 790 ÷ 10 = _____
12. 510 ÷ 10 = _____
13. 820 ÷ 10 = _____
14. 560 ÷ 10 = _____
15. 990 ÷ 10 = _____
16. 480 ÷ 10 = _____
17. 230 ÷ 10 = _____
18. 490 ÷ 10 = _____
19. 870 ÷ 10 = _____
20. 540 ÷ 10 = _____

Name:_____ Date:_____ Score:_____

3-Divide by 10

1. 160 ÷ 10 = ____
2. 320 ÷ 10 = ____
3. 980 ÷ 10 = ____
4. 340 ÷ 10 = ____
5. 710 ÷ 10 = ____
6. 560 ÷ 10 = ____
7. 960 ÷ 10 = ____
8. 230 ÷ 10 = ____
9. 280 ÷ 10 = ____
10. 500 ÷ 10 = ____
11. 620 ÷ 10 = ____
12. 510 ÷ 10 = ____
13. 660 ÷ 10 = ____
14. 130 ÷ 10 = ____
15. 850 ÷ 10 = ____
16. 180 ÷ 10 = ____
17. 150 ÷ 10 = ____
18. 110 ÷ 10 = ____
19. 600 ÷ 10 = ____
20. 400 ÷ 10 = ____

Name:_____ Date:_____ Score:_____

3-Divide by 10

1. 770 ÷ 10 = ____
2. 370 ÷ 10 = ____
3. 740 ÷ 10 = ____
4. 430 ÷ 10 = ____
5. 600 ÷ 10 = ____
6. 350 ÷ 10 = ____
7. 950 ÷ 10 = ____
8. 450 ÷ 10 = ____
9. 940 ÷ 10 = ____
10. 330 ÷ 10 = ____
11. 270 ÷ 10 = ____
12. 480 ÷ 10 = ____
13. 830 ÷ 10 = ____
14. 570 ÷ 10 = ____
15. 880 ÷ 10 = ____
16. 240 ÷ 10 = ____
17. 730 ÷ 10 = ____
18. 250 ÷ 10 = ____
19. 840 ÷ 10 = ____
20. 170 ÷ 10 = ____

Name:_____ Date:_____ Score:_____

3-Divide by 10

1. 140 ÷ 10 = ____
2. 100 ÷ 10 = ____
3. 270 ÷ 10 = ____
4. 490 ÷ 10 = ____
5. 970 ÷ 10 = ____
6. 330 ÷ 10 = ____
7. 740 ÷ 10 = ____
8. 310 ÷ 10 = ____
9. 150 ÷ 10 = ____
10. 310 ÷ 10 = ____

11. 260 ÷ 10 = ____
12. 470 ÷ 10 = ____
13. 810 ÷ 10 = ____
14. 130 ÷ 10 = ____
15. 920 ÷ 10 = ____
16. 530 ÷ 10 = ____
17. 720 ÷ 10 = ____
18. 240 ÷ 10 = ____
19. 690 ÷ 10 = ____
20. 360 ÷ 10 = ____

Name:_____ Date:_____ Score:_____

3-Divide by 10

1. 750 ÷ 10 = ____
2. 70 ÷ 10 = ____
3. 770 ÷ 10 = ____
4. 90 ÷ 10 = ____
5. 650 ÷ 10 = ____
6. 120 ÷ 10 = ____
7. 870 ÷ 10 = ____
8. 230 ÷ 10 = ____
9. 590 ÷ 10 = ____
10. 340 ÷ 10 = ____
11. 610 ÷ 10 = ____
12. 500 ÷ 10 = ____
13. 800 ÷ 10 = ____
14. 520 ÷ 10 = ____
15. 930 ÷ 10 = ____
16. 320 ÷ 10 = ____
17. 170 ÷ 10 = ____
18. 90 ÷ 10 = ____
19. 860 ÷ 10 = ____
20. 530 ÷ 10 = ____

Name:_____ Date:_____ Score:_____

3-Divide by 10

1. 950 ÷ 10 = ____
2. 220 ÷ 10 = ____
3. 910 ÷ 10 = ____
4. 520 ÷ 10 = ____
5. 760 ÷ 10 = ____
6. 360 ÷ 10 = ____
7. 700 ÷ 10 = ____
8. 550 ÷ 10 = ____
9. 730 ÷ 10 = ____
10. 300 ÷ 10 = ____

11. 990 ÷ 10 = ____
12. 470 ÷ 10 = ____
13. 900 ÷ 10 = ____
14. 680 ÷ 10 = ____
15. 160 ÷ 10 = ____
16. 890 ÷ 10 = ____
17. 80 ÷ 10 = ____
18. 260 ÷ 10 = ____
19. 290 ÷ 10 = ____
20. 20 ÷ 10 = ____

Name:_____ Date:_____ Score:_____

3-Divide by 10

1. 210 ÷ 10 = ____
2. 540 ÷ 10 = ____
3. 980 ÷ 10 = ____
4. 460 ÷ 10 = ____
5. 280 ÷ 10 = ____
6. 10 ÷ 10 = ____
7. 820 ÷ 10 = ____
8. 140 ÷ 10 = ____
9. 300 ÷ 10 = ____
10. 30 ÷ 10 = ____
11. 200 ÷ 10 = ____
12. 50 ÷ 10 = ____
13. 210 ÷ 10 = ____
14. 60 ÷ 10 = ____
15. 570 ÷ 10 = ____
16. 830 ÷ 10 = ____
17. 650 ÷ 10 = ____
18. 40 ÷ 10 = ____
19. 580 ÷ 10 = ____
20. 840 ÷ 10 = ____

Name:_____ Date:_____ Score:_____

3-Divide by 10

1. 900 ÷ 10 = ____
2. 190 ÷ 10 = ____
3. 190 ÷ 10 = ____
4. 70 ÷ 10 = ____
5. 10 ÷ 10 = ____
6. 850 ÷ 10 = ____
7. 290 ÷ 10 = ____
8. 20 ÷ 10 = ____
9. 640 ÷ 10 = ____
10. 30 ÷ 10 = ____
11. 240 ÷ 10 = ____
12. 860 ÷ 10 = ____
13. 910 ÷ 10 = ____
14. 200 ÷ 10 = ____
15. 680 ÷ 10 = ____
16. 350 ÷ 10 = ____
17. 220 ÷ 10 = ____
18. 550 ÷ 10 = ____
19. 780 ÷ 10 = ____
20. 450 ÷ 10 = ____

Name:_____	Date:_____	Score:_____

3-Divide by 10

1. 920 ÷ 10 = _____
2. 420 ÷ 10 = _____
3. 930 ÷ 10 = _____
4. 430 ÷ 10 = _____
5. 790 ÷ 10 = _____
6. 460 ÷ 10 = _____
7. 880 ÷ 10 = _____
8. 250 ÷ 10 = _____
9. 610 ÷ 10 = _____
10. 410 ÷ 10 = _____
11. 800 ÷ 10 = _____
12. 40 ÷ 10 = _____
13. 660 ÷ 10 = _____
14. 410 ÷ 10 = _____
15. 180 ÷ 10 = _____
16. 60 ÷ 10 = _____
17. 670 ÷ 10 = _____
18. 420 ÷ 10 = _____
19. 580 ÷ 10 = _____
20. 390 ÷ 10 = _____

Name:_____   Date:_____   Score:_____

3-Divide by 10

1. 590 ÷ 10 = ____
2. 400 ÷ 10 = ____
3. 750 ÷ 10 = ____
4. 440 ÷ 10 = ____
5. 810 ÷ 10 = ____
6. 50 ÷ 10 = ____
7. 620 ÷ 10 = ____
8. 370 ÷ 10 = ____
9. 710 ÷ 10 = ____
10. 380 ÷ 10 = ____
11. 720 ÷ 10 = ____
12. 390 ÷ 10 = ____
13. 630 ÷ 10 = ____
14. 380 ÷ 10 = ____
15. 960 ÷ 10 = ____
16. 690 ÷ 10 = ____
17. 970 ÷ 10 = ____
18. 700 ÷ 10 = ____
19. 890 ÷ 10 = ____
20. 670 ÷ 10 = ____

Name:_____ Date:_____ Score:_____

4-Divide by 100

1. 9400 ÷ 100 = _____
2. 4400 ÷ 100 = _____
3. 7600 ÷ 100 = _____
4. 800 ÷ 100 = _____
5. 6400 ÷ 100 = _____
6. 1200 ÷ 100 = _____
7. 6300 ÷ 100 = _____
8. 1100 ÷ 100 = _____
9. 7800 ÷ 100 = _____
10. 1000 ÷ 100 = _____

11. 7900 ÷ 100 = _____
12. 5100 ÷ 100 = _____
13. 8200 ÷ 100 = _____
14. 5600 ÷ 100 = _____
15. 9900 ÷ 100 = _____
16. 4800 ÷ 100 = _____
17. 1100 ÷ 100 = _____
18. 4900 ÷ 100 = _____
19. 8700 ÷ 100 = _____
20. 5400 ÷ 100 = _____

Name:	Date:	Score:

4-Divide by 100

1. 1600 ÷ 100 = ____
2. 3200 ÷ 100 = ____
3. 9800 ÷ 100 = ____
4. 3400 ÷ 100 = ____
5. 7100 ÷ 100 = ____
6. 5600 ÷ 100 = ____
7. 9600 ÷ 100 = ____
8. 2300 ÷ 100 = ____
9. 2800 ÷ 100 = ____
10. 5000 ÷ 100 = ____
11. 6200 ÷ 100 = ____
12. 5100 ÷ 100 = ____
13. 6600 ÷ 100 = ____
14. 1300 ÷ 100 = ____
15. 8500 ÷ 100 = ____
16. 1800 ÷ 100 = ____
17. 1500 ÷ 100 = ____
18. 1100 ÷ 100 = ____
19. 6000 ÷ 100 = ____
20. 4000 ÷ 100 = ____

Name:_____ Date:_____ Score:_____

4-Divide by 100

1. 7700 ÷ 100 = _____
2. 3700 ÷ 100 = _____
3. 7400 ÷ 100 = _____
4. 4300 ÷ 100 = _____
5. 6000 ÷ 100 = _____
6. 3500 ÷ 100 = _____
7. 9500 ÷ 100 = _____
8. 4500 ÷ 100 = _____
9. 9400 ÷ 100 = _____
10. 3300 ÷ 100 = _____

11. 2700 ÷ 100 = _____
12. 4800 ÷ 100 = _____
13. 8300 ÷ 100 = _____
14. 5700 ÷ 100 = _____
15. 8800 ÷ 100 = _____
16. 2400 ÷ 100 = _____
17. 7300 ÷ 100 = _____
18. 2500 ÷ 100 = _____
19. 8400 ÷ 100 = _____
20. 1700 ÷ 100 = _____

Name:_____ Date:_____ Score:_____

4-Divide by 100

1. 1400 ÷ 100 = _____
2. 1000 ÷ 100 = _____
3. 2700 ÷ 100 = _____
4. 4900 ÷ 100 = _____
5. 9700 ÷ 100 = _____
6. 3300 ÷ 100 = _____
7. 7400 ÷ 100 = _____
8. 3100 ÷ 100 = _____
9. 1500 ÷ 100 = _____
10. 3100 ÷ 100 = _____

11. 2600 ÷ 100 = _____
12. 4700 ÷ 100 = _____
13. 8100 ÷ 100 = _____
14. 1300 ÷ 100 = _____
15. 9200 ÷ 100 = _____
16. 5300 ÷ 100 = _____
17. 7200 ÷ 100 = _____
18. 2400 ÷ 100 = _____
19. 6900 ÷ 100 = _____
20. 3600 ÷ 100 = _____

Name:_____ Date:_____ Score:_____

4-Divide by 100

1. 7500 ÷ 100 = _____
2. 700 ÷ 100 = _____
3. 7700 ÷ 100 = _____
4. 900 ÷ 100 = _____
5. 6500 ÷ 100 = _____
6. 1200 ÷ 100 = _____
7. 8700 ÷ 100 = _____
8. 2300 ÷ 100 = _____
9. 5900 ÷ 100 = _____
10. 3400 ÷ 100 = _____
11. 6100 ÷ 100 = _____
12. 5000 ÷ 100 = _____
13. 8000 ÷ 100 = _____
14. 5200 ÷ 100 = _____
15. 9300 ÷ 100 = _____
16. 3200 ÷ 100 = _____
17. 1700 ÷ 100 = _____
18. 900 ÷ 100 = _____
19. 8600 ÷ 100 = _____
20. 5300 ÷ 100 = _____

Name: _____ Date: _____ Score: _____

4-Divide by 100

1. 9500 ÷ 100 = _____
2. 2200 ÷ 100 = _____
3. 9100 ÷ 100 = _____
4. 5200 ÷ 100 = _____
5. 7600 ÷ 100 = _____
6. 3600 ÷ 100 = _____
7. 7000 ÷ 100 = _____
8. 5500 ÷ 100 = _____
9. 7300 ÷ 100 = _____
10. 3000 ÷ 100 = _____
11. 9900 ÷ 100 = _____
12. 4700 ÷ 100 = _____
13. 9000 ÷ 100 = _____
14. 6800 ÷ 100 = _____
15. 1600 ÷ 100 = _____
16. 8900 ÷ 100 = _____
17. 800 ÷ 100 = _____
18. 2600 ÷ 100 = _____
19. 2900 ÷ 100 = _____
20. 200 ÷ 100 = _____

Name:_____ Date:_____ Score:_____

4-Divide by 100

1. 2100 ÷ 100 = _____
2. 5400 ÷ 100 = _____
3. 9800 ÷ 100 = _____
4. 4600 ÷ 100 = _____
5. 2800 ÷ 100 = _____
6. 100 ÷ 100 = _____
7. 8200 ÷ 100 = _____
8. 1400 ÷ 100 = _____
9. 3000 ÷ 100 = _____
10. 300 ÷ 100 = _____
11. 2000 ÷ 100 = _____
12. 500 ÷ 100 = _____
13. 2100 ÷ 100 = _____
14. 600 ÷ 100 = _____
15. 5700 ÷ 100 = _____
16. 8300 ÷ 100 = _____
17. 6500 ÷ 100 = _____
18. 400 ÷ 100 = _____
19. 5800 ÷ 100 = _____
20. 8400 ÷ 100 = _____

Name:_____ Date:_____ Score:_____

4-Divide by 100

1. 9000 ÷ 100 = _____
2. 1900 ÷ 100 = _____
3. 1900 ÷ 100 = _____
4. 700 ÷ 100 = _____
5. 100 ÷ 100 = _____
6. 8500 ÷ 100 = _____
7. 2900 ÷ 100 = _____
8. 200 ÷ 100 = _____
9. 6400 ÷ 100 = _____
10. 300 ÷ 100 = _____
11. 1200 ÷ 100 = _____
12. 8600 ÷ 100 = _____
13. 9100 ÷ 100 = _____
14. 2000 ÷ 100 = _____
15. 6800 ÷ 100 = _____
16. 3500 ÷ 100 = _____
17. 2200 ÷ 100 = _____
18. 5500 ÷ 100 = _____
19. 7800 ÷ 100 = _____
20. 4500 ÷ 100 = _____

		Name:_____ Date:_____ Score:_____

4-Divide by 100

1. 9200 ÷ 100 = _____
2. 4200 ÷ 100 = _____
3. 9300 ÷ 100 = _____
4. 4300 ÷ 100 = _____
5. 7900 ÷ 100 = _____
6. 4600 ÷ 100 = _____
7. 8800 ÷ 100 = _____
8. 2500 ÷ 100 = _____
9. 6100 ÷ 100 = _____
10. 4100 ÷ 100 = _____

11. 8000 ÷ 100 = _____
12. 400 ÷ 100 = _____
13. 6600 ÷ 100 = _____
14. 4100 ÷ 100 = _____
15. 1800 ÷ 100 = _____
16. 600 ÷ 100 = _____
17. 6700 ÷ 100 = _____
18. 4200 ÷ 100 = _____
19. 5800 ÷ 100 = _____
20. 3900 ÷ 100 = _____

Name: _____ Date: _____ Score: _____

4-Divide by 100

1. 5900 ÷ 100 = _____
2. 4000 ÷ 100 = _____
3. 7500 ÷ 100 = _____
4. 4400 ÷ 100 = _____
5. 8100 ÷ 100 = _____
6. 500 ÷ 100 = _____
7. 6200 ÷ 100 = _____
8. 3700 ÷ 100 = _____
9. 7100 ÷ 100 = _____
10. 3800 ÷ 100 = _____
11. 7200 ÷ 100 = _____
12. 3900 ÷ 100 = _____
13. 6300 ÷ 100 = _____
14. 3800 ÷ 100 = _____
15. 9600 ÷ 100 = _____
16. 6900 ÷ 100 = _____
17. 9700 ÷ 100 = _____
18. 7000 ÷ 100 = _____
19. 8900 ÷ 100 = _____
20. 6700 ÷ 100 = _____

Name:_____ Date:_____ Score:_____

5-Divide by whole tens

1. 30 ÷ 10 = ____
2. 120 ÷ 10 = ____
3. 320 ÷ 40 = ____
4. 600 ÷ 60 = ____
5. 90 ÷ 10 = ____
6. 100 ÷ 50 = ____
7. 330 ÷ 30 = ____
8. 770 ÷ 70 = ____
9. 10 ÷ 10 = ____
10. 70 ÷ 10 = ____
11. 180 ÷ 60 = ____
12. 210 ÷ 70 = ____
13. 320 ÷ 80 = ____
14. 50 ÷ 50 = ____
15. 120 ÷ 30 = ____
16. 180 ÷ 30 = ____
17. 240 ÷ 60 = ____
18. 400 ÷ 10 = ____
19. 50 ÷ 10 = ____
20. 100 ÷ 10 = ____

Name:_____ Date:_____ Score:_____

5-Divide by whole tens

1. 350 ÷ 50 = ____
2. 420 ÷ 60 = ____
3. 90 ÷ 30 = ____
4. 150 ÷ 30 = ____
5. 480 ÷ 40 = ____
6. 600 ÷ 60 = ____
7. 600 ÷ 50 = ____
8. 80 ÷ 40 = ____
9. 210 ÷ 70 = ____
10. 240 ÷ 60 = ____
11. 720 ÷ 10 = ____
12. 80 ÷ 10 = ____
13. 400 ÷ 40 = ____
14. 400 ÷ 80 = ____
15. 660 ÷ 60 = ____
16. 700 ÷ 70 = ____
17. 120 ÷ 20 = ____
18. 150 ÷ 50 = ____
19. 160 ÷ 80 = ____
20. 240 ÷ 30 = ____

Name:_____ Date:_____ Score:_____

5-Divide by whole tens

1. 550 ÷ 10 = ____
2. 40 ÷ 40 = ____
3. 40 ÷ 10 = ____
4. 80 ÷ 40 = ____
5. 250 ÷ 50 = ____
6. 700 ÷ 10 = ____
7. 180 ÷ 30 = ____
8. 180 ÷ 60 = ____
9. 350 ÷ 70 = ____
10. 540 ÷ 60 = ____
11. 10 ÷ 10 = ____
12. 180 ÷ 60 = ____
13. 660 ÷ 60 = ____
14. 660 ÷ 10 = ____
15. 120 ÷ 60 = ____
16. 200 ÷ 50 = ____
17. 200 ÷ 40 = ____
18. 720 ÷ 60 = ____
19. 960 ÷ 80 = ____
20. 60 ÷ 30 = ____

Name:_____ Date:_____ Score:_____

5-Divide by whole tens

1. 120 ÷ 10 = ____
2. 300 ÷ 60 = ____
3. 450 ÷ 90 = ____
4. 770 ÷ 10 = ____
5. 120 ÷ 60 = ____
6. 160 ÷ 40 = ____
7. 240 ÷ 30 = ____
8. 250 ÷ 50 = ____
9. 300 ÷ 50 = ____
10. 70 ÷ 70 = ____
11. 200 ÷ 20 = ____
12. 250 ÷ 50 = ____
13. 490 ÷ 70 = ____
14. 960 ÷ 80 = ____
15. 150 ÷ 50 = ____
16. 280 ÷ 40 = ____
17. 500 ÷ 10 = ____
18. 600 ÷ 20 = ____
19. 50 ÷ 50 = ____
20. 240 ÷ 20 = ____

Name:_____ Date:_____ Score:_____

5-Divide by whole tens

1. 480 ÷ 30 = ____
2. 480 ÷ 60 = ____
3. 140 ÷ 70 = ____
4. 330 ÷ 20 = ____
5. 810 ÷ 90 = ____
6. 80 ÷ 80 = ____
7. 90 ÷ 90 = ____
8. 330 ÷ 30 = ____
9. 440 ÷ 20 = ____
10. 500 ÷ 50 = ____

11. 150 ÷ 30 = ____
12. 160 ÷ 40 = ____
13. 330 ÷ 20 = ____
14. 360 ÷ 90 = ____
15. 600 ÷ 50 = ____
16. 20 ÷ 10 = ____
17. 140 ÷ 70 = ____
18. 180 ÷ 60 = ____
19. 370 ÷ 10 = ____
20. 770 ÷ 20 = ____

Name:_____ Date:_____ Score:_____

5-Divide by whole tens

1. 120 ÷ 60 = _____
2. 200 ÷ 50 = _____
3. 250 ÷ 50 = _____
4. 400 ÷ 80 = _____
5. 480 ÷ 60 = _____
6. 240 ÷ 40 = _____
7. 360 ÷ 60 = _____
8. 420 ÷ 70 = _____
9. 660 ÷ 60 = _____
10. 720 ÷ 90 = _____

11. 300 ÷ 30 = _____
12. 320 ÷ 80 = _____
13. 320 ÷ 80 = _____
14. 450 ÷ 50 = _____
15. 500 ÷ 50 = _____
16. 60 ÷ 60 = _____
17. 490 ÷ 70 = _____
18. 490 ÷ 70 = _____
19. 500 ÷ 50 = _____
20. 550 ÷ 50 = _____

5-Divide by whole tens

1. 280 ÷ 10 = ____
2. 360 ÷ 90 = ____
3. 440 ÷ 40 = ____
4. 480 ÷ 80 = ____
5. 500 ÷ 20 = ____
6. 100 ÷ 20 = ____
7. 210 ÷ 70 = ____
8. 400 ÷ 50 = ____
9. 400 ÷ 40 = ____
10. 880 ÷ 20 = ____
11. 20 ÷ 20 = ____
12. 540 ÷ 90 = ____
13. 600 ÷ 50 = ____
14. 630 ÷ 90 = ____
15. 50 ÷ 50 = ____
16. 90 ÷ 30 = ____
17. 460 ÷ 10 = ____
18. 880 ÷ 80 = ____
19. 240 ÷ 40 = ____
20. 480 ÷ 20 = ____

Name:_____ Date:_____ Score:_____

5-Divide by whole tens

1. 720 ÷ 60 = ____
2. 480 ÷ 60 = ____
3. 600 ÷ 60 = ____
4. 720 ÷ 80 = ____
5. 720 ÷ 90 = ____
6. 990 ÷ 90 = ____
7. 40 ÷ 40 = ____
8. 300 ÷ 10 = ____
9. 400 ÷ 40 = ____
10. 540 ÷ 90 = ____

11. 800 ÷ 10 = ____
12. 80 ÷ 80 = ____
13. 120 ÷ 60 = ____
14. 240 ÷ 80 = ____
15. 270 ÷ 90 = ____
16. 360 ÷ 30 = ____
17. 20 ÷ 10 = ____
18. 70 ÷ 70 = ____
19. 90 ÷ 90 = ____
20. 120 ÷ 40 = ____

Name:_____ Date:_____ Score:_____

5-Divide by whole tens

1. 420 ÷ 60 = _____
2. 80 ÷ 20 = _____
3. 80 ÷ 40 = _____
4. 120 ÷ 10 = _____
5. 180 ÷ 90 = _____
6. 400 ÷ 50 = _____
7. 100 ÷ 50 = _____
8. 140 ÷ 20 = _____
9. 210 ÷ 30 = _____
10. 350 ÷ 50 = _____
11. 660 ÷ 10 = _____
12. 200 ÷ 50 = _____
13. 300 ÷ 50 = _____
14. 480 ÷ 40 = _____
15. 480 ÷ 60 = _____
16. 660 ÷ 60 = _____
17. 60 ÷ 10 = _____
18. 200 ÷ 10 = _____
19. 200 ÷ 10 = _____
20. 990 ÷ 10 = _____

Name:_____ Date:_____ Score:_____

5-Divide by whole tens

1. $100 \div 10 =$ ____
2. $180 \div 20 =$ ____
3. $450 \div 90 =$ ____
4. $630 \div 70 =$ ____
5. $800 \div 80 =$ ____
6. $30 \div 30 =$ ____
7. $280 \div 40 =$ ____
8. $450 \div 50 =$ ____
9. $560 \div 70 =$ ____
10. $110 \div 10 =$ ____

11. $160 \div 40 =$ ____
12. $160 \div 20 =$ ____
13. $200 \div 40 =$ ____
14. $60 \div 20 =$ ____
15. $600 \div 60 =$ ____
16. $700 \div 70 =$ ____
17. $840 \div 20 =$ ____
18. $900 \div 20 =$ ____
19. $70 \div 70 =$ ____
20. $180 \div 90 =$ ____

Name:_____ Date:_____ Score:_____

6-Divide by whole hundreds

1. 4500 ÷ 500 = ____
2. 2000 ÷ 100 = ____
3. 1100 ÷ 100 = ____
4. 9900 ÷ 100 = ____
5. 6000 ÷ 600 = ____
6. 8400 ÷ 200 = ____
7. 6000 ÷ 600 = ____
8. 8400 ÷ 200 = ____
9. 9000 ÷ 900 = ____
10. 9600 ÷ 200 = ____
11. 8100 ÷ 900 = ____
12. 4800 ÷ 200 = ____
13. 5600 ÷ 800 = ____
14. 5500 ÷ 500 = ____
15. 4000 ÷ 400 = ____
16. 6600 ÷ 100 = ____
17. 4000 ÷ 400 = ____
18. 6600 ÷ 100 = ____
19. 2000 ÷ 200 = ____
20. 5500 ÷ 100 = ____

6-Divide by whole hundreds

1. 1000 ÷ 100 = _____
2. 5000 ÷ 100 = _____
3. 5400 ÷ 600 = _____
4. 3000 ÷ 100 = _____
5. 6300 ÷ 700 = _____
6. 4000 ÷ 100 = _____
7. 5000 ÷ 500 = _____
8. 7200 ÷ 200 = _____
9. 4500 ÷ 500 = _____
10. 2400 ÷ 200 = _____
11. 6300 ÷ 700 = _____
12. 3600 ÷ 200 = _____
13. 7000 ÷ 700 = _____
14. 8000 ÷ 100 = _____
15. 3200 ÷ 400 = _____
16. 1100 ÷ 100 = _____
17. 1000 ÷ 100 = _____
18. 9000 ÷ 100 = _____
19. 3200 ÷ 400 = _____
20. 9900 ÷ 900 = _____

Name:_____ Date:_____ Score:_____

6-Divide by whole hundreds

1. 4900 ÷ 700 = _____
2. 6600 ÷ 600 = _____
3. 800 ÷ 100 = _____
4. 7700 ÷ 700 = _____
5. 5400 ÷ 600 = _____
6. 3300 ÷ 100 = _____
7. 4500 ÷ 500 = _____
8. 2200 ÷ 100 = _____
9. 3000 ÷ 300 = _____
10. 6000 ÷ 100 = _____
11. 4000 ÷ 400 = _____
12. 6000 ÷ 100 = _____
13. 6300 ÷ 900 = _____
14. 6600 ÷ 600 = _____
15. 6000 ÷ 600 = _____
16. 7700 ÷ 100 = _____
17. 7000 ÷ 700 = _____
18. 8800 ÷ 100 = _____
19. 3200 ÷ 400 = _____
20. 9900 ÷ 900 = _____

6-Divide by whole hundreds

1. 9000 ÷ 900 = _____
2. 9000 ÷ 100 = _____
3. 4500 ÷ 500 = _____
4. 2200 ÷ 110 = _____
5. 5400 ÷ 600 = _____
6. 2400 ÷ 100 = _____
7. 7200 ÷ 800 = _____
8. 4400 ÷ 100 = _____
9. 1000 ÷ 100 = _____
10. 5000 ÷ 100 = _____
11. 4000 ÷ 400 = _____
12. 6000 ÷ 100 = _____
13. 5600 ÷ 800 = _____
14. 5500 ÷ 500 = _____
15. 5000 ÷ 500 = _____
16. 7000 ÷ 100 = _____
17. 7000 ÷ 700 = _____
18. 8800 ÷ 100 = _____
19. 2400 ÷ 300 = _____
20. 8800 ÷ 800 = _____

Name:_____ Date:_____ Score:_____

6-Divide by whole hundreds

1. 1100 ÷ 100 = _____
2. 9900 ÷ 100 = _____
3. 8000 ÷ 800 = _____
4. 9600 ÷ 200 = _____
5. 7000 ÷ 700 = _____
6. 8000 ÷ 200 = _____
7. 6000 ÷ 600 = _____
8. 7700 ÷ 100 = _____
9. 5400 ÷ 200 = _____
10. 3300 ÷ 100 = _____

11. 6300 ÷ 700 = _____
12. 3600 ÷ 100 = _____
13. 8100 ÷ 900 = _____
14. 4800 ÷ 100 = _____
15. 3000 ÷ 300 = _____
16. 6000 ÷ 100 = _____
17. 5600 ÷ 800 = _____
18. 5500 ÷ 500 = _____
19. 2000 ÷ 200 = _____
20. 5500 ÷ 100 = _____

Name:_____ Date:_____ Score:_____

6-Divide by whole hundreds

1. 5000 ÷ 500 = _____
2. 7200 ÷ 100 = _____
3. 5000 ÷ 500 = _____
4. 7000 ÷ 100 = _____
5. 6300 ÷ 900 = _____
6. 6600 ÷ 600 = _____
7. 6300 ÷ 700 = _____
8. 4000 ÷ 100 = _____
9. 7200 ÷ 800 = _____
10. 4400 ÷ 200 = _____

11. 5600 ÷ 700 = _____
12. 4800 ÷ 400 = _____
13. 4200 ÷ 600 = _____
14. 3300 ÷ 300 = _____
15. 4900 ÷ 700 = _____
16. 3600 ÷ 400 = _____
17. 5500 ÷ 500 = _____
18. 2000 ÷ 100 = _____
19. 5600 ÷ 700 = _____
20. 3600 ÷ 300 = _____

Name:_____ Date:_____ Score:_____

6-Divide by whole hundreds

1. 7200 ÷ 900 = _____
2. 6000 ÷ 500 = _____
3. 5600 ÷ 700 = _____
4. 3600 ÷ 300 = _____
5. 4800 ÷ 600 = _____
6. 3600 ÷ 300 = _____
7. 5600 ÷ 800 = _____
8. 6600 ÷ 600 = _____
9. 6400 ÷ 800 = _____
10. 4800 ÷ 400 = _____

11. 6400 ÷ 800 = _____
12. 6000 ÷ 500 = _____
13. 7200 ÷ 900 = _____
14. 6000 ÷ 500 = _____
15. 2800 ÷ 400 = _____
16. 1200 ÷ 200 = _____
17. 4800 ÷ 600 = _____
18. 7200 ÷ 600 = _____
19. 2800 ÷ 400 = _____
20. 1200 ÷ 200 = _____

Name:_____ Date:_____ Score:_____

6-Divide by whole hundreds

1. 3500 ÷ 500 = _____
2. 2200 ÷ 200 = _____
3. 3600 ÷ 400 = _____
4. 4800 ÷ 400 = _____
5. 3500 ÷ 500 = _____
6. 8000 ÷ 800 = _____
7. 5600 ÷ 700 = _____
8. 4800 ÷ 400 = _____
9. 4000 ÷ 500 = _____
10. 7200 ÷ 600 = _____

11. 3500 ÷ 500 = _____
12. 1100 ÷ 100 = _____
13. 3500 ÷ 500 = _____
14. 2200 ÷ 200 = _____
15. 2400 ÷ 300 = _____
16. 8800 ÷ 800 = _____
17. 3200 ÷ 400 = _____
18. 6000 ÷ 500 = _____
19. 1800 ÷ 200 = _____
20. 8400 ÷ 700 = _____

Name:_____ Date:_____ Score:_____

6-Divide by whole hundreds

1. 4800 ÷ 600 = _____
2. 2400 ÷ 200 = _____
3. 4800 ÷ 600 = _____
4. 3600 ÷ 300 = _____
5. 1800 ÷ 200 = _____
6. 8400 ÷ 700 = _____
7. 3600 ÷ 400 = _____
8. 7200 ÷ 600 = _____
9. 4000 ÷ 500 = _____
10. 1200 ÷ 100 = _____
11. 2700 ÷ 300 = _____
12. 8400 ÷ 700 = _____
13. 4000 ÷ 500 = _____
14. 1200 ÷ 100 = _____
15. 3600 ÷ 400 = _____
16. 9600 ÷ 800 = _____
17. 4000 ÷ 500 = _____
18. 2400 ÷ 200 = _____
19. 900 ÷ 100 = _____
20. 7200 ÷ 600 = _____

Name:_____ Date:_____ Score:_____

6-Divide by whole hundreds

1. 900 ÷ 100 = _____
2. 8400 ÷ 700 = _____
3. 800 ÷ 100 = _____
4. 7700 ÷ 700 = _____
5. 2700 ÷ 300 = _____
6. 9600 ÷ 800 = _____
7. 1600 ÷ 200 = _____
8. 7700 ÷ 700 = _____
9. 4900 ÷ 700 = _____
10. 4400 ÷ 400 = _____
11. 4900 ÷ 700 = _____
12. 4400 ÷ 400 = _____
13. 1600 ÷ 200 = _____
14. 7700 ÷ 700 = _____
15. 4200 ÷ 600 = _____
16. 4400 ÷ 400 = _____
17. 4200 ÷ 600 = _____
18. 4400 ÷ 400 = _____
19. 4200 ÷ 600 = _____
20. 3300 ÷ 300 = _____

Name:_____ Date:_____ Score:_____

7-Find The Missing Dividen or divisor

1. 320 ÷ ____ = 4
2. 4200 ÷ ____ = 7
3. 180 ÷ ____ = 2
4. 3300 ÷ ____ = 11
5. 990 ÷ ____ = 9
6. 7200 ÷ ____ = 12
7. 60 ÷ ____ = 6
8. 4000 ÷ ____ = 8
9. 160 ÷ ____ = 8
10. 4400 ÷ ____ = 11
11. 720 ÷ ____ = 12
12. 3500 ÷ ____ = 7
13. 80 ÷ ____ = 8
14. 3600 ÷ ____ = 30
15. 420 ÷ ____ = 7
16. 4800 ÷ ____ = 8
17. 120 ÷ ____ = 1
18. 3600 ÷ ____ = 12
19. 80 ÷ ____ = 1
20. 1100 ÷ ____ = 11

Name:_____ Date:_____ Score:_____

7-Find The Missing Dividen or divisor

1. 300 ÷ ____ = 3
2. 4800 ÷ ____ = 12
3. 480 ÷ ____ = 6
4. 3600 ÷ ____ = 12
5. 90 ÷ ____ = 3
6. 1200 ÷ ____ = 10
7. 140 ÷ ____ = 7
8. 7200 ÷ ____ = 12
9. 550 ÷ ____ = 11
10. 3600 ÷ ____ = 12
11. 540 ÷ ____ = 6
12. 6000 ÷ ____ = 12
13. 630 ÷ ____ = 9
14. 7700 ÷ ____ = 11
15. 200 ÷ ____ = 4
16. 7700 ÷ ____ = 70
17. 700 ÷ ____ = 10
18. 4400 ÷ ____ = 11
19. 200 ÷ ____ = 5
20. 7000 ÷ ____ = 10

Name:_____ Date:_____ Score:_____

7-Find The Missing Dividen or divisor

1. ____ ÷ 30 = 8
2. 9900 ÷ ____ = 11
3. 550 ÷ ____ = 5
4. ____ ÷ 700 = 7
5. ____ ÷ 50 = 8
6. 6600 ÷ ____ = 11
7. 60 ÷ ____ = 1
8. 3600 ÷ ____ = 9
9. 360 ÷ ____ = 12
10. ____ ÷ 800 = 11
11. ____ ÷ 40 = 3
12. 8400 ÷ ____ = 12
13. ____ ÷ 70 = 10
14. 1100 ÷ ____ = 11
15. ____ ÷ 60 = 11
16. 9600 ÷ ____ = 12
17. 450 ÷ ____ = 9
18. 7700 ÷ ____ = 11
19. ____ ÷ 60 = 11
20. 6300 ÷ ____ = 7

7-Find The Missing Dividen or divisor

1. _____ ÷ 40 = 5
2. 1600 ÷ _____ = 8
3. 490 ÷ _____ = 7
4. _____ ÷ 500 = 11
5. _____ ÷ 10 = 28
6. 7200 ÷ _____ = 8
7. 480 ÷ _____ = 4
8. 1200 ÷ _____ = 10
9. 720 ÷ _____ = 8
10. _____ ÷ 500 = 7
11. _____ ÷ 10 = 2
12. 3200 ÷ _____ = 8
13. _____ ÷ 70 = 3
14. 4500 ÷ _____ = 9
15. _____ ÷ 50 = 4
16. 8400 ÷ _____ = 12
17. 800 ÷ _____ = 10
18. 2700 ÷ _____ = 9
19. _____ ÷ 60 = 3
20. 6000 ÷ _____ = 60

Name:_____ Date:_____ Score:_____

7-Find The Missing Dividen or divisor

1. _____ ÷ 120 = 7

2. 4200 ÷ _____ = 7

3. 560 ÷ _____ = 8

4. _____ ÷ 700 = 7

5. _____ ÷ 10 = 10

6. 900 ÷ _____ = 9

7. 300 ÷ _____ = 6

8. 4000 ÷ _____ = 8

9. 500 ÷ _____ = 5

10. _____ ÷ 600 = 8

11. _____ ÷ 40 = 10

12. 6400 ÷ _____ = 8

13. _____ ÷ 80 = 9

14. 4800 ÷ _____ = 12

15. _____ ÷ 60 = 2

16. 3500 ÷ _____ = 7

17. 80 ÷ _____ = 2

18. 7200 ÷ _____ = 60

19. _____ ÷ 40 = 10

20. 4000 ÷ _____ = 8

Name:_____ Date:_____ Score:_____

7-Find The Missing Dividen or divisor

1. 180 ÷ ____ = 2
2. 1800 ÷ ____ = 9
3. 210 ÷ ____ = 7
4. 4000 ÷ ____ = 8
5. 120 ÷ ____ = 6
6. 1000 ÷ ____ = 10
7. 600 ÷ ____ = 12
8. 7200 ÷ ____ = 8
9. 460 ÷ ____ = 46
10. 4800 ÷ ____ = 8

11. 280 ÷ ____ = 7
12. 7000 ÷ ____ = 70
13. 180 ÷ ____ = 6
14. 6600 ÷ ____ = 60
15. 480 ÷ ____ = 12
16. 320 ÷ ____ = 4
17. 6300 ÷ ____ = 9
18. 4800 ÷ ____ = 12
19. 250 ÷ ____ = 5
20. 6000 ÷ ____ = 60

Name:_____ Date:_____ Score:_____

7-Find The Missing Dividen or divisor

1. 810 ÷ ____ = 9
2. 7000 ÷ ____ = 10
3. 490 ÷ ____ = 7
4. 5600 ÷ ____ = 7
5. 300 ÷ ____ = 6
6. 1000 ÷ ____ = 10
7. 400 ÷ ____ = 10
8. 7000 ÷ ____ = 10
9. 240 ÷ ____ = 2
10. 8800 ÷ ____ = 11
11. 480 ÷ ____ = 16
12. 1100 ÷ ____ = 10
13. 330 ÷ ____ = 3
14. 9600 ÷ ____ = 80
15. 30 ÷ ____ = 3
16. 4500 ÷ ____ = 9
17. 160 ÷ ____ = 4
18. 3600 ÷ ____ = 30
19. 600 ÷ ____ = 10
20. 9900 ÷ ____ = 90

Name:_____ Date:_____ Score:_____

7-Find The Missing Dividen or divisor

1. 10 ÷ ___ = 1
2. 9000 ÷ ___ = 10
3. 420 ÷ ___ = 6
4. 4000 ÷ ___ = 40
5. 90 ÷ ___ = 9
6. 6000 ÷ ___ = 10
7. 500 ÷ ___ = 5
8. 7000 ÷ ___ = 10
9. 440 ÷ ___ = 4
10. 5400 ÷ ___ = 9

11. 770 ÷ ___ = 11
12. 8400 ÷ ___ = 70
13. 210 ÷ ___ = 3
14. 4800 ÷ ___ = 40
15. 350 ÷ ___ = 5
16. 3000 ÷ ___ = 10
17. 330 ÷ ___ = 11
18. 7700 ÷ ___ = 70
19. 140 ÷ ___ = 2
20. 5600 ÷ ___ = 7

Name:_____ Date:_____ Score:_____

7-Find The Missing Dividen or divisor

1. 120 ÷ ____ = 2
2. 5400 ÷ ____ = 9
3. 250 ÷ ____ = 5
4. 4400 ÷ ____ = 40
5. 770 ÷ ____ = 7
6. 5500 ÷ ____ = 50
7. 660 ÷ ____ = 11
8. 7200 ÷ ____ = 9
9. 60 ÷ ____ = 2
10. 9900 ÷ ____ = 11

11. 120 ÷ ____ = 2
12. 5000 ÷ ____ = 10
13. 120 ÷ ____ = 1
14. 9000 ÷ ____ = 10
15. 480 ÷ ____ = 8
16. 6300 ÷ ____ = 7
17. 770 ÷ ____ = 7
18. 2200 ÷ ____ = 20
19. 330 ÷ ____ = 3
20. 8100 ÷ ____ = 9

Name:_____ Date:_____ Score:_____

7-Find The Missing Dividen or divisor

1. 20 ÷ ___ = 2
2. 6000 ÷ ___ = 50
3. 80 ÷ ___ = 2
4. 7700 ÷ ___ = 11
5. 400 ÷ ___ = 5
6. 7000 ÷ ___ = 70
7. 250 ÷ ___ = 5
8. 5400 ÷ ___ = 9
9. 350 ÷ ___ = 7
10. 1000 ÷ ___ = 10

11. 150 ÷ ___ = 5
12. 3000 ÷ ___ = 30
13. 180 ÷ ___ = 3
14. 2200 ÷ ___ = 20
15. 240 ÷ ___ = 4
16. 4000 ÷ ___ = 10
17. 100 ÷ ___ = 10
18. 5500 ÷ ___ = 50
19. 320 ÷ ___ = 4
20. 5600 ÷ ___ = 7

8-divide 3 digit by 1-digit (no remainders)	

1. 315 ÷ 9 = ____
2. 693 ÷ 3 = ____
3. 477 ÷ 3 = ____
4. 855 ÷ 5 = ____
5. 441 ÷ 7 = ____
6. 816 ÷ 6 = ____
7. 436 ÷ 2 = ____
8. 815 ÷ 5 = ____
9. 459 ÷ 9 = ____
10. 837 ÷ 3 = ____
11. 372 ÷ 2 = ____
12. 744 ÷ 6 = ____
13. 164 ÷ 2 = ____
14. 535 ÷ 5 = ____
15. 912 ÷ 6 = ____
16. 405 ÷ 3 = ____
17. 780 ÷ 2 = ____
18. 408 ÷ 6 = ____
19. 788 ÷ 2 = ____
20. 385 ÷ 7 = ____

Name:_____ Date:_____ Score:_____

8-divide 3 digit by 1-digit (no remainders)

1. 765 ÷ 3 = _____
2. 381 ÷ 3 = _____
3. 756 ÷ 2 = _____
4. 333 ÷ 3 = _____
5. 716 ÷ 2 = _____
6. 357 ÷ 3 = _____
7. 735 ÷ 5 = _____
8. 415 ÷ 5 = _____
9. 792 ÷ 6 = _____
10. 329 ÷ 7 = _____
11. 700 ÷ 2 = _____
12. 348 ÷ 2 = _____
13. 724 ÷ 2 = _____
14. 452 ÷ 2 = _____
15. 820 ÷ 2 = _____
16. 212 ÷ 2 = _____
17. 580 ÷ 2 = _____
18. 960 ÷ 6 = _____
19. 468 ÷ 2 = _____
20. 844 ÷ 2 = _____

Name:_____   Date:_____   Score:_____

8-divide 3 digit by 1-digit (no remainders)

1. 213 ÷ 3 = ____
2. 588 ÷ 2 = ____
3. 963 ÷ 9 = ____
4. 172 ÷ 2 = ____
5. 552 ÷ 6 = ____
6. 933 ÷ 3 = ____
7. 175 ÷ 5 = ____
8. 553 ÷ 7 = ____
9. 935 ÷ 5 = ____
10. 336 ÷ 6 = ____

11. 720 ÷ 6 = ____
12. 316 ÷ 2 = ____
13. 695 ÷ 5 = ____
14. 388 ÷ 2 = ____
15. 772 ÷ 2 = ____
16. 404 ÷ 2 = ____
17. 777 ÷ 7 = ____
18. 168 ÷ 6 = ____
19. 548 ÷ 2 = ____
20. 924 ÷ 2 = ____

Name:_____ Date:_____ Score:_____

8-divide 3 digit by 1-digit (no remainders)

1. 213 ÷ 3 = ____
2. 588 ÷ 2 = ____
3. 963 ÷ 9 = ____
4. 172 ÷ 2 = ____
5. 552 ÷ 6 = ____
6. 933 ÷ 3 = ____
7. 175 ÷ 5 = ____
8. 553 ÷ 7 = ____
9. 935 ÷ 5 = ____
10. 336 ÷ 6 = ____

11. 720 ÷ 6 = ____
12. 316 ÷ 2 = ____
13. 695 ÷ 5 = ____
14. 388 ÷ 2 = ____
15. 772 ÷ 2 = ____
16. 404 ÷ 2 = ____
17. 777 ÷ 7 = ____
18. 168 ÷ 6 = ____
19. 548 ÷ 2 = ____
20. 924 ÷ 2 = ____

Name:_____   Date:_____   Score:_____

8-divide 3 digit by 1-digit (no remainders)

1. 532 ÷ 2 = ____
2. 909 ÷ 3 = ____
3. 428 ÷ 2 = ____
4. 804 ÷ 2 = ____
5. 453 ÷ 3 = ____
6. 828 ÷ 2 = ____
7. 196 ÷ 2 = ____
8. 575 ÷ 5 = ____
9. 956 ÷ 2 = ____
10. 476 ÷ 2 = ____

11. 852 ÷ 2 = ____
12. 456 ÷ 6 = ____
13. 836 ÷ 2 = ____
14. 444 ÷ 2 = ____
15. 819 ÷ 9 = ____
16. 429 ÷ 3 = ____
17. 812 ÷ 2 = ____
18. 335 ÷ 5 = ____
19. 717 ÷ 3 = ____
20. 340 ÷ 2 = ____

Name:_____ **Date:**_____ **Score:**_____

8-divide 3 digit by 1-digit (no remainders)

1. 721 ÷ 7 = ____
2. 375 ÷ 5 = ____
3. 747 ÷ 9 = ____
4. 387 ÷ 9 = ____
5. 768 ÷ 6 = ____
6. 156 ÷ 2 = ____
7. 531 ÷ 9 = ____
8. 908 ÷ 2 = ____
9. 384 ÷ 6 = ____
10. 764 ÷ 2 = ____
11. 412 ÷ 2 = ____
12. 789 ÷ 3 = ____
13. 420 ÷ 2 = ____
14. 796 ÷ 2 = ____
15. 171 ÷ 9 = ____
16. 549 ÷ 3 = ____
17. 932 ÷ 2 = ____
18. 356 ÷ 2 = ____
19. 732 ÷ 2 = ____
20. 360 ÷ 6 = ____

8-divide 3 digit by 1-digit (no remainders)

1. 740 ÷ 2 = ____
2. 243 ÷ 9 = ____
3. 620 ÷ 2 = ____
4. 132 ÷ 2 = ____
5. 504 ÷ 6 = ____
6. 888 ÷ 6 = ____
7. 148 ÷ 2 = ____
8. 312 ÷ 6 = ____
9. 528 ÷ 6 = ____
10. 692 ÷ 2 = ____
11. 900 ÷ 2 = ____
12. 237 ÷ 3 = ____
13. 612 ÷ 2 = ____
14. 988 ÷ 2 = ____
15. 261 ÷ 3 = ____
16. 644 ÷ 2 = ____
17. 240 ÷ 6 = ____
18. 615 ÷ 5 = ____
19. 996 ÷ 2 = ____
20. 236 ÷ 2 = ____

Name:_____ Date:_____ Score:_____

8-divide 3 digit by 1-digit (no remainders)

1. 609 ÷ 7 = ____
2. 984 ÷ 6 = ____
3. 165 ÷ 3 = ____
4. 540 ÷ 2 = ____
5. 916 ÷ 2 = ____
6. 252 ÷ 2 = ____
7. 624 ÷ 6 = ____
8. 255 ÷ 5 = ____
9. 628 ÷ 2 = ____
10. 260 ÷ 2 = ____

11. 636 ÷ 2 = ____
12. 100 ÷ 2 = ____
13. 480 ÷ 6 = ____
14. 860 ÷ 2 = ____
15. 273 ÷ 7 = ____
16. 652 ÷ 2 = ____
17. 105 ÷ 7 = ____
18. 484 ÷ 2 = ____
19. 861 ÷ 3 = ____
20. 117 ÷ 3 = ____

Name:_____ Date:_____ Score:_____

8-divide 3 digit by 1-digit (no remainders)

1. 497 ÷ 7 = ____
2. 876 ÷ 2 = ____
3. 308 ÷ 2 = ____
4. 676 ÷ 2 = ____
5. 108 ÷ 2 = ____
6. 492 ÷ 2 = ____
7. 864 ÷ 6 = ____
8. 244 ÷ 2 = ____
9. 621 ÷ 3 = ____
10. 268 ÷ 2 = ____

11. 648 ÷ 6 = ____
12. 116 ÷ 2 = ____
13. 495 ÷ 5 = ____
14. 868 ÷ 2 = ____
15. 120 ÷ 6 = ____
16. 500 ÷ 2 = ____
17. 884 ÷ 2 = ____
18. 192 ÷ 6 = ____
19. 573 ÷ 3 = ____
20. 948 ÷ 2 = ____

8-divide 3 digit by 1-digit (no remainders)

1. 264 ÷ 6 = ____
2. 645 ÷ 3 = ____
3. 285 ÷ 3 = ____
4. 665 ÷ 7 = ____
5. 220 ÷ 2 = ____
6. 603 ÷ 9 = ____
7. 980 ÷ 2 = ____
8. 228 ÷ 2 = ____
9. 604 ÷ 2 = ____
10. 981 ÷ 3 = ____

11. 288 ÷ 6 = ____
12. 668 ÷ 2 = ____
13. 309 ÷ 3 = ____
14. 684 ÷ 2 = ____
15. 215 ÷ 5 = ____
16. 596 ÷ 2 = ____
17. 964 ÷ 2 = ____
18. 292 ÷ 2 = ____
19. 669 ÷ 3 = ____
20. 216 ÷ 6 = ____

Name:_____ Date:_____ Score:_____

9-divide 4 digit by 1-digit (no remainders)

1. 3532 ÷ 2 = ____
2. 8060 ÷ 2 = ____
3. 5520 ÷ 6 = ____
4. 9988 ÷ 2 = ____
5. 5067 ÷ 9 = ____
6. 9597 ÷ 3 = ____
7. 4980 ÷ 2 = ____
8. 9508 ÷ 2 = ____
9. 5340 ÷ 2 = ____
10. 9864 ÷ 6 = ____
11. 4172 ÷ 2 = ____
12. 8692 ÷ 2 = ____
13. 1724 ÷ 2 = ____
14. 6244 ÷ 2 = ____
15. 4620 ÷ 2 = ____
16. 9144 ÷ 6 = ____
17. 4704 ÷ 6 = ____
18. 9236 ÷ 2 = ____
19. 4436 ÷ 2 = ____
20. 8956 ÷ 2 = ____

9-divide 4 digit by 1-digit (no remainders)

1. 4344 ÷ 6 = _____
2. 8876 ÷ 2 = _____
3. 3801 ÷ 7 = _____
4. 8328 ÷ 6 = _____
5. 4076 ÷ 2 = _____
6. 8596 ÷ 2 = _____
7. 4797 ÷ 3 = _____
8. 9324 ÷ 2 = _____
9. 3708 ÷ 2 = _____
10. 8235 ÷ 9 = _____

11. 3981 ÷ 3 = _____
12. 8508 ÷ 2 = _____
13. 5157 ÷ 3 = _____
14. 9684 ÷ 2 = _____
15. 2259 ÷ 9 = _____
16. 6789 ÷ 3 = _____
17. 5427 ÷ 9 = _____
18. 9960 ÷ 6 = _____
19. 2260 ÷ 2 = _____
20. 6792 ÷ 6 = _____

Name:_____ Date:_____ Score:_____

9-divide 4 digit by 1-digit (no remainders)

1. 1897 ÷ 7 = _____
2. 6429 ÷ 3 = _____
3. 1899 ÷ 9 = _____
4. 6432 ÷ 6 = _____
5. 3892 ÷ 2 = _____
6. 8420 ÷ 2 = _____
7. 3621 ÷ 3 = _____
8. 8148 ÷ 2 = _____
9. 4529 ÷ 7 = _____
10. 9052 ÷ 2 = _____
11. 4615 ÷ 5 = _____
12. 9141 ÷ 3 = _____
13. 1812 ÷ 2 = _____
14. 6335 ÷ 5 = _____
15. 4977 ÷ 7 = _____
16. 9504 ÷ 6 = _____
17. 5253 ÷ 3 = _____
18. 9775 ÷ 5 = _____
19. 2177 ÷ 7 = _____
20. 6700 ÷ 2 = _____

Name:_____ Date:_____ Score:_____

9-divide 4 digit by 1-digit (no remainders)

1. 5348 ÷ 2 = _____
2. 9868 ÷ 2 = _____
3. 3624 ÷ 6 = _____
4. 8156 ÷ 2 = _____
5. 3716 ÷ 2 = _____
6. 8236 ÷ 2 = _____
7. 4164 ÷ 2 = _____
8. 8688 ÷ 6 = _____
9. 4255 ÷ 5 = _____
10. 8784 ÷ 6 = _____

11. 4532 ÷ 2 = _____
12. 9055 ÷ 5 = _____
13. 1629 ÷ 3 = _____
14. 6156 ÷ 2 = _____
15. 4892 ÷ 2 = _____
16. 9412 ÷ 2 = _____
17. 5160 ÷ 6 = _____
18. 9692 ÷ 2 = _____
19. 2175 ÷ 5 = _____
20. 6696 ÷ 6 = _____

9-divide 4 digit by 1-digit (no remainders)

1. 5428 ÷ 2 = _____
2. 9961 ÷ 7 = _____
3. 5255 ÷ 5 = _____
4. 9780 ÷ 2 = _____
5. 5068 ÷ 2 = _____
6. 9600 ÷ 6 = _____
7. 4893 ÷ 3 = _____
8. 9415 ÷ 5 = _____
9. 3804 ÷ 2 = _____
10. 8332 ÷ 2 = _____
11. 3895 ÷ 5 = _____
12. 8421 ÷ 3 = _____
13. 4252 ÷ 2 = _____
14. 8781 ÷ 3 = _____
15. 4437 ÷ 3 = _____
16. 8964 ÷ 2 = _____
17. 1628 ÷ 2 = _____
18. 6153 ÷ 7 = _____
19. 4347 ÷ 9 = _____
20. 8877 ÷ 3 = _____

Name:_____ Date:_____ Score:_____

9-divide 4 digit by 1-digit (no remainders)

1. 4707 ÷ 9 = _____
2. 9237 ÷ 3 = _____
3. 4800 ÷ 6 = _____
4. 9332 ÷ 2 = _____
5. 1815 ÷ 5 = _____
6. 6336 ÷ 6 = _____
7. 3984 ÷ 6 = _____
8. 8516 ÷ 2 = _____
9. 4077 ÷ 3 = _____
10. 8604 ÷ 2 = _____

11. 2712 ÷ 6 = _____
12. 7244 ÷ 2 = _____
13. 1356 ÷ 2 = _____
14. 5880 ÷ 6 = _____
15. 1539 ÷ 9 = _____
16. 3528 ÷ 6 = _____
17. 6069 ÷ 3 = _____
18. 8057 ÷ 7 = _____
19. 2620 ÷ 2 = _____
20. 7152 ÷ 6 = _____

9-divide 4 digit by 1-digit (no remainders)					

1. 2901 ÷ 3 = _____
2. 7428 ÷ 2 = _____
3. 2625 ÷ 7 = _____
4. 7155 ÷ 9 = _____
5. 2540 ÷ 2 = _____
6. 7060 ÷ 2 = _____
7. 1725 ÷ 3 = _____
8. 6252 ÷ 2 = _____
9. 2805 ÷ 3 = _____
10. 7332 ÷ 2 = _____

11. 2808 ÷ 6 = _____
12. 7335 ÷ 5 = _____
13. 2900 ÷ 2 = _____
14. 7420 ÷ 2 = _____
15. 1001 ÷ 7 = _____
16. 5524 ÷ 2 = _____
17. 3073 ÷ 7 = _____
18. 7605 ÷ 3 = _____
19. 1084 ÷ 2 = _____
20. 5613 ÷ 3 = _____

9-divide 4 digit by 1-digit (no remainders)

Name:_____ Date:_____ Score:_____

1. 1176 ÷ 6 = _____
2. 5708 ÷ 2 = _____
3. 3436 ÷ 2 = _____
4. 7965 ÷ 3 = _____
5. 1092 ÷ 2 = _____
6. 5615 ÷ 5 = _____
7. 2716 ÷ 2 = _____
8. 7245 ÷ 3 = _____
9. 2988 ÷ 2 = _____
10. 7515 ÷ 9 = _____
11. 1175 ÷ 5 = _____
12. 5705 ÷ 7 = _____
13. 1268 ÷ 2 = _____
14. 5788 ÷ 2 = _____
15. 2085 ÷ 3 = _____
16. 6612 ÷ 2 = _____
17. 2980 ÷ 2 = _____
18. 7512 ÷ 6 = _____
19. 3172 ÷ 2 = _____
20. 7700 ÷ 2 = _____

Name:_____ Date:_____ Score:_____

9-divide 4 digit by 1-digit (no remainders)

1. 2448 ÷ 6 = _____
2. 6975 ÷ 5 = _____
3. 2535 ÷ 5 = _____
4. 7056 ÷ 6 = _____
5. 3260 ÷ 2 = _____
6. 7780 ÷ 2 = _____
7. 3444 ÷ 2 = _____
8. 7968 ÷ 6 = _____
9. 2349 ÷ 3 = _____
10. 6881 ÷ 7 = _____
11. 3261 ÷ 3 = _____
12. 7788 ÷ 2 = _____
13. 2352 ÷ 6 = _____
14. 6884 ÷ 2 = _____
15. 3353 ÷ 7 = _____
16. 7876 ÷ 2 = _____
17. 2445 ÷ 3 = _____
18. 6972 ÷ 2 = _____
19. 3076 ÷ 2 = _____
20. 7608 ÷ 6 = _____

Name:_____ Date:_____ Score:_____

9-divide 4 digit by 1-digit (no remainders)

1. 3168 ÷ 6 = _____
2. 7695 ÷ 5 = _____
3. 1989 ÷ 3 = _____
4. 6516 ÷ 2 = _____
5. 3348 ÷ 2 = _____
6. 7875 ÷ 9 = _____
7. 1992 ÷ 6 = _____
8. 6524 ÷ 2 = _____
9. 1452 ÷ 2 = _____
10. 5976 ÷ 6 = _____

11. 1536 ÷ 6 = _____
12. 6068 ÷ 2 = _____
13. 2084 ÷ 2 = _____
14. 6604 ÷ 2 = _____
15. 1364 ÷ 2 = _____
16. 5884 ÷ 2 = _____
17. 1449 ÷ 7 = _____
18. 5975 ÷ 5 = _____
19. 1269 ÷ 3 = _____
20. 5796 ÷ 2 = _____

Name:_____ Date:_____ Score:_____

10-Division with remainders (numbers up to 1000)

1. 2909 ÷ 3 = _____
2. 6307 ÷ 9 = _____
3. 4401 ÷ 7 = _____
4. 7805 ÷ 3 = _____
5. 4063 ÷ 5 = _____
6. 7465 ÷ 7 = _____
7. 3995 ÷ 9 = _____
8. 7398 ÷ 4 = _____
9. 4265 ÷ 7 = _____
10. 7669 ÷ 3 = _____
11. 3383 ÷ 5 = _____
12. 6784 ÷ 6 = _____
13. 1545 ÷ 7 = _____
14. 4947 ÷ 9 = _____
15. 3723 ÷ 9 = _____
16. 7123 ÷ 9 = _____
17. 3790 ÷ 4 = _____
18. 7191 ÷ 5 = _____
19. 3586 ÷ 8 = _____
20. 6987 ÷ 9 = _____

10-Division with remainders (numbers up to 1000)

1. 3517 ÷ 3 = _____
2. 6919 ÷ 5 = _____
3. 3109 ÷ 3 = _____
4. 6512 ÷ 6 = _____
5. 3314 ÷ 8 = _____
6. 6714 ÷ 8 = _____
7. 3858 ÷ 8 = _____
8. 7259 ÷ 9 = _____
9. 3040 ÷ 6 = _____
10. 6443 ÷ 9 = _____
11. 3246 ÷ 4 = _____
12. 6646 ÷ 4 = _____
13. 4129 ÷ 7 = _____
14. 7530 ÷ 8 = _____
15. 1952 ÷ 6 = _____
16. 5354 ÷ 8 = _____
17. 4333 ÷ 3 = _____
18. 7737 ÷ 7 = _____
19. 1954 ÷ 8 = _____
20. 5357 ÷ 3 = _____

Name:_____ Date:_____ Score:_____

10-Division with remainders (numbers up to 1000)

1.	1681 ÷ 7 = _____	11. 3722 ÷ 8 = _____
2.	5081 ÷ 7 = _____	12. 7122 ÷ 8 = _____
3.	1682 ÷ 8 = _____	13. 1613 ÷ 3 = _____
4.	5082 ÷ 8 = _____	14. 5014 ÷ 4 = _____
5.	3177 ÷ 7 = _____	15. 3994 ÷ 8 = _____
6.	6581 ÷ 3 = _____	16. 7397 ÷ 3 = _____
7.	2971 ÷ 9 = _____	17. 4198 ÷ 4 = _____
8.	6374 ÷ 4 = _____	18. 7599 ÷ 5 = _____
9.	3654 ÷ 4 = _____	19. 1885 ÷ 3 = _____
10.	7057 ÷ 7 = _____	20. 5288 ÷ 6 = _____

10-Division with remainders (numbers up to 1000)

1. 4266 ÷ 8 = _____
2. 7670 ÷ 4 = _____
3. 2974 ÷ 4 = _____
4. 6376 ÷ 6 = _____
5. 3041 ÷ 7 = _____
6. 6445 ÷ 3 = _____
7. 3382 ÷ 4 = _____
8. 6783 ÷ 5 = _____
9. 3449 ÷ 7 = _____
10. 6851 ÷ 9 = _____
11. 3656 ÷ 6 = _____
12. 7058 ÷ 8 = _____
13. 1478 ÷ 4 = _____
14. 4880 ÷ 6 = _____
15. 3926 ÷ 4 = _____
16. 7327 ÷ 5 = _____
17. 4130 ÷ 8 = _____
18. 7531 ÷ 9 = _____
19. 1883 ÷ 9 = _____
20. 5287 ÷ 5 = _____

10-Division with remainders (numbers up to 1000)

1. 4334 ÷ 4 = _____
2. 7738 ÷ 8 = _____
3. 4199 ÷ 5 = _____
4. 7600 ÷ 6 = _____
5. 4064 ÷ 6 = _____
6. 7466 ÷ 8 = _____
7. 3927 ÷ 5 = _____
8. 7328 ÷ 6 = _____
9. 3110 ÷ 4 = _____
10. 6513 ÷ 7 = _____
11. 3178 ÷ 8 = _____
12. 6582 ÷ 4 = _____
13. 3448 ÷ 6 = _____
14. 6850 ÷ 8 = _____
15. 3587 ÷ 9 = _____
16. 6989 ÷ 3 = _____
17. 1477 ÷ 3 = _____
18. 4879 ÷ 5 = _____
19. 3518 ÷ 4 = _____
20. 6920 ÷ 6 = _____

Name:_____ Date:_____ Score:_____

10-Division with remainders (numbers up to 1000)

1. 3791 ÷ 5 = _____
2. 7192 ÷ 6 = _____
3. 3859 ÷ 9 = _____
4. 7261 ÷ 3 = _____
5. 1614 ÷ 4 = _____
6. 5017 ÷ 7 = _____
7. 3247 ÷ 5 = _____
8. 6647 ÷ 5 = _____
9. 3315 ÷ 9 = _____
10. 6715 ÷ 9 = _____

11. 2293 ÷ 3 = _____
12. 5694 ÷ 4 = _____
13. 1273 ÷ 7 = _____
14. 4673 ÷ 7 = _____
15. 1409 ÷ 7 = _____
16. 2906 ÷ 8 = _____
17. 4811 ÷ 9 = _____
18. 6306 ÷ 8 = _____
19. 2224 ÷ 6 = _____
20. 5626 ÷ 8 = _____

10-Division with remainders (numbers up to 1000)

1. 2431 ÷ 5 = _____
2. 5833 ÷ 7 = _____
3. 2225 ÷ 7 = _____
4. 5627 ÷ 9 = _____
5. 2158 ÷ 4 = _____
6. 5559 ÷ 5 = _____
7. 1546 ÷ 8 = _____
8. 4949 ÷ 3 = _____
9. 2361 ÷ 7 = _____
10. 5763 ÷ 9 = _____
11. 2362 ÷ 8 = _____
12. 5765 ÷ 3 = _____
13. 2430 ÷ 4 = _____
14. 5831 ÷ 5 = _____
15. 1000 ÷ 6 = _____
16. 4402 ÷ 8 = _____
17. 2563 ÷ 9 = _____
18. 5966 ÷ 4 = _____
19. 1069 ÷ 3 = _____
20. 4470 ÷ 4 = _____

10-Division with remainders (numbers up to 1000)

1. 1138 ÷ 8 = _____
2. 4541 ÷ 3 = _____
3. 2838 ÷ 4 = _____
4. 6239 ÷ 5 = _____
5. 1070 ÷ 4 = _____
6. 4471 ÷ 5 = _____
7. 2294 ÷ 4 = _____
8. 5696 ÷ 6 = _____
9. 2499 ÷ 9 = _____
10. 5899 ÷ 9 = _____
11. 1137 ÷ 7 = _____
12. 4539 ÷ 9 = _____
13. 1205 ÷ 3 = _____
14. 4606 ÷ 4 = _____
15. 1817 ÷ 7 = _____
16. 5221 ÷ 3 = _____
17. 2498 ÷ 8 = _____
18. 5898 ÷ 8 = _____
19. 2634 ÷ 8 = _____
20. 6035 ÷ 9 = _____

Name:_____ Date:_____ Score:_____

10-Division with remainders (numbers up to 1000)

1. 2090 ÷ 8 = _____
2. 5490 ÷ 8 = _____
3. 2155 ÷ 9 = _____
4. 5558 ÷ 4 = _____
5. 2702 ÷ 4 = _____
6. 6104 ÷ 6 = _____
7. 2839 ÷ 5 = _____
8. 6241 ÷ 7 = _____
9. 2022 ÷ 4 = _____
10. 5422 ÷ 4 = _____
11. 2703 ÷ 5 = _____
12. 6105 ÷ 7 = _____
13. 2023 ÷ 5 = _____
14. 5423 ÷ 5 = _____
15. 2770 ÷ 8 = _____
16. 6173 ÷ 3 = _____
17. 2089 ÷ 7 = _____
18. 5489 ÷ 7 = _____
19. 2566 ÷ 4 = _____
20. 5967 ÷ 5 = _____

10-Division with remainders (numbers up to 1000)

1. 2633 ÷ 7 = _____
2. 6034 ÷ 8 = _____
3. 1747 ÷ 9 = _____
4. 5151 ÷ 5 = _____
5. 2769 ÷ 7 = _____
6. 6171 ÷ 9 = _____
7. 1750 ÷ 4 = _____
8. 5152 ÷ 6 = _____
9. 1343 ÷ 5 = _____
10. 4743 ÷ 5 = _____

11. 1408 ÷ 6 = _____
12. 4810 ÷ 8 = _____
13. 1816 ÷ 6 = _____
14. 5219 ÷ 9 = _____
15. 1274 ÷ 8 = _____
16. 4674 ÷ 8 = _____
17. 1342 ÷ 4 = _____
18. 4742 ÷ 4 = _____
19. 1206 ÷ 4 = _____
20. 4607 ÷ 5 = _____

Name:_____ Date:_____ Score:_____

11-Long Division (4 digits by 1 digits)

1. 9) 2170

2. 5) 7908

3. 6) 1264

4. 5) 7455

5. 6) 6549

6. 3) 9418

7. 4) 1113

8. 8) 6700

9. 3) 7304

10. 7) 3831

Name:_____ Date:_____ Score:_____

11-Long Division (4 digits by 1 digits)

1. 4) 6398

2. 9) 3680

3. 6) 3076

4. 2) 2925

5. 2) 9569

6. 3) 3378

7. 6) 3982

8. 4) 5190

9. 5) 5341

10. 7) 4133

11-Long Division (4 digits by 1 digits)

Name:_____ Date:_____ Score:_____

1. 2) 7153

2. 7) 1717

3. 7) 6247

4. 8) 3529

5. 4) 3227

6. 5) 4888

7. 9) 7002

8. 2) 5039

9. 3) 9871

10. 8) 9720

Name:_____ Date:_____ Score:_____

12-Long Division (5 digits by 1 digits)

1. 4) 22102

2. 7) 27689

3. 5) 69667

4. 6) 73744

5. 9) 64382

6. 3) 64231

7. 7) 57587

8. 6) 56077

9. 8) 20743

10. 6) 75103

12-Long Division (5 digits by 1 digits)

1. 3 | 61513

2. 4 | 60154

3. 5 | 52000

4. 9 | 54718

5. 9 | 49282

6. 2 | 65590

7. 8 | 50641

8. 7 | 66949

9. 4 | 76462

10. 4 | 71026

Name:_____ Date:_____ Score:_____

12-Long Division (5 digits by 1 digits)

1. 5 | 69818

2. 5 | 29048

3. 2 | 62872

4. 6 | 23461

5. 2 | 48074

6. 8 | 53359

7. 3 | 77821

8. 2 | 72385

9. 3 | 28897

10. 7 | 23612

Name:_____ Date:_____ Score:_____

13-Long Division (6 digits by 1 digits)

1. 7) 763965

2. 6) 348715

3. 4) 390391

4. 6) 406850

5. 7) 822100

6. 9) 847166

7. 7) 581255

8. 3) 747506

9. 9) 880386

10. 9) 772270

Name:_____ Date:_____ Score:_____

13-Long Division (6 digits by 1 digits)

1. 7)888540

2. 5)3

3. 3)855320

4. 5)830405

5. 5)863625

6. 2)332256

7. 3)913455

8. 6)166005

9. 4)415155

10. 3)797185

13-Long Division (6 digits by 1 digits)

1. 4) 448375

2. 4) 514815

3. 6) 473290

4. 5) 805641

5. 2) 440070

6. 8) 431916

7. 8) 357020

8. 2) 381935

9. 8) 465136

10. 2) 498205

Name:_____ Date:_____ Score:_____

14-Long Division (4 digits by 2 digits)

1. 64) 5643

2. 38) 2472

3. 39) 2019

4. 59) 8210

5. 31) 4284

6. 66) 5794

7. 91) 2321

8. 46) 8663

9. 90) 4586

10. 45) 5492

14-Long Division (4 digits by 2 digits)

Name:_____ Date:_____ Score:_____

1. 58) 8059

2. 62) 7606

3. 44) 9267

4. 65) 8965

5. 11) 9116

6. 12) 1415

7. 59) 1566

8. 13) 6851

9. 14) 7757

10. 60) 1868

14-Long Division (4 digits by 2 digits)

Name:_____ Date:_____ Score:_____

1. 89) 2774

2. 11) 2211

3. 32) 8814

4. 47) 4435

5. 45) 6096

6. 43) 8512

7. 48) 2623

8. 19) 8361

9. 44) 5945

10. 61) 4737

Name:_____   Date:_____   Score:_____

15-Long Division (5 digits by 2 digits)

1. 66) 15307

2. 71) 34333

3. 58) 18176

4. 59) 47923

5. 99) 68308

6. 60) 35692

7. 97) 63023

8. 52) 71177

9. 98) 19535

10. 96) 58946

15-Long Division (5 digits by 2 digits)

1. 45) 27538

2. 46) 76613

3. 31) 73895

4. 75) 53510

5. 91) 54869

6. 44) 72536

7. 54) 52151

8. 53) 68459

9. 78) 19384

10. 94) 50792

15-Long Division (5 digits by 2 digits)

1. 95) 57436

2. 79) 60305

3. 92) 56228

4. 80) 65741

5. 20) 75254

6. 90) 22253

7. 21) 49433

8. 76) 58795

9. 77) 61664

10. 89) 67100

Name:_____ Date:_____ Score:_____

16-Long Division (6 digits by 2 digits)

1. 74) 622931

2. 73) 207681

3. 54) 182615

4. 59) 431765

5. 60) 847015

6. 63) 780575

7. 57) 598016

8. 12) 788880

9. 51) 921760

10. 68) 589560

Name:_____ Date:_____ Score:_____

16-Long Division (6 digits by 2 digits)

1. 12) 631085

2. 14) 896845

3. 65) 755660

4. 58) 838710

5. 72) 905150

6. 11) 373630

7. 53) 631236

8. 56) 182766

9. 66) 423460

10. 70) 880235

Name:_____ Date:_____ Score:_____

16-Long Division (6 digits by 2 digits)

1. 71) 489900

2. 13) 481595

3. 15) 215835

4. 55) 597865

5. 64) 340410

6. 58) 365325

7. 67) 174310

8. 69) 464985

9. 50) 506510

10. 52) 215986

#	2					3					4			
1	7	x	7	=	49	5	x	2	=	10	5	x	3	=	15
2	4	x	0	=	0	8	x	6	=	48	5	x	4	=	20
3	6	x	6	=	36	3	x	0	=	0	7	x	6	=	42
4	7	x	5	=	35	8	x	4	=	32	3	x	0	=	0
5	5	x	0	=	0	0	x	0	=	0	4	x	3	=	12
6	11	x	6	=	66	10	x	6	=	60	10	x	7	=	70
7	8	x	6	=	48	4	x	0	=	0	12	x	12	=	144
8	7	x	5	=	35	10	x	8	=	80	3	x	3	=	9
9	11	x	11	=	121	12	x	10	=	120	12	x	11	=	132
10	12	x	5	=	60	11	x	9	=	99	11	x	11	=	121
11	4	x	4	=	16	7	x	4	=	28	7	x	2	=	14
12	8	x	5	=	40	7	x	1	=	7	8	x	8	=	64
13	8	x	2	=	16	9	x	8	=	72	4	x	2	=	8
14	10	x	3	=	30	11	x	3	=	33	12	x	2	=	24
15	9	x	7	=	63	12	x	2	=	24	11	x	6	=	66
16	9	x	9	=	81	12	x	10	=	120	9	x	4	=	36
17	10	x	8	=	80	8	x	8	=	64	10	x	9	=	90
18	6	x	6	=	36	5	x	2	=	10	10	x	1	=	10
19	3	x	3	=	9	10	x	9	=	90	5	x	4	=	20
20	9	x	7	=	63	9	x	2	=	18	2	x	1	=	2

#	5					6					7			
1	11	x	10	=	110	9	x	9	=	81	8	x	3	=	24
2	4	x	1	=	4	7	x	6	=	42	9	x	7	=	63
3	5	x	1	=	5	10	x	10	=	100	6	x	4	=	24
4	5	x	5	=	25	12	x	6	=	72	8	x	3	=	24
5	9	x	6	=	54	6	x	1	=	6	3	x	1	=	3
6	12	x	7	=	84	8	x	6	=	48	11	x	0	=	0
7	1	x	1	=	1	7	x	5	=	35	8	x	5	=	40
8	12	x	8	=	96	6	x	4	=	24	6	x	3	=	18
9	2	x	2	=	4	11	x	9	=	99	12	x	9	=	108
10	7	x	3	=	21	9	x	6	=	54	7	x	4	=	28
11	10	x	7	=	70	6	x	3	=	18	10	x	0	=	0
12	10	x	8	=	80	9	x	5	=	45	6	x	1	=	6
13	9	x	5	=	45	12	x	7	=	84	8	x	0	=	0
14	7	x	5	=	35	6	x	2	=	12	8	x	1	=	8
15	9	x	4	=	36	5	x	5	=	25	10	x	4	=	40
16	4	x	0	=	0	10	x	10	=	100	4	x	1	=	4
17	10	x	5	=	50	11	x	3	=	33	5	x	2	=	10
18	8	x	1	=	8	7	x	6	=	42	7	x	2	=	14
19	12	x	3	=	36	11	x	8	=	88	11	x	2	=	22
20	12	x	0	=	0	11	x	7	=	77	9	x	0	=	0

#	8					9					10			
1	12	x	1	=	12	12	x	11	=	132	10	x	6	=	60
2	11	x	6	=	66	6	x	4	=	24	1	x	0	=	0
3	2	x	1	=	2	9	x	3	=	27	12	x	6	=	72
4	11	x	2	=	22	6	x	0	=	0	12	x	4	=	48
5	9	x	2	=	18	11	x	0	=	0	11	x	4	=	44
6	6	x	5	=	30	3	x	2	=	6	0	x	0	=	0
7	8	x	7	=	56	9	x	8	=	72	11	x	5	=	55
8	10	x	4	=	40	7	x	7	=	49	2	x	2	=	4
9	2	x	0	=	0	12	x	8	=	96	3	x	1	=	3
10	12	x	12	=	144	11	x	8	=	88	11	x	4	=	44
11	4	x	2	=	8	12	x	0	=	0	10	x	2	=	20
12	8	x	2	=	16	12	x	1	=	12	5	x	1	=	5
13	11	x	10	=	110	7	x	0	=	0	2	x	0	=	0
14	12	x	9	=	108	10	x	0	=	0	9	x	1	=	9
15	6	x	2	=	12	10	x	1	=	10	6	x	5	=	30
16	9	x	3	=	27	10	x	2	=	20	4	x	4	=	16
17	7	x	1	=	7	11	x	1	=	11	8	x	4	=	32
18	4	x	3	=	12	5	x	0	=	0	11	x	1	=	11
19	5	x	3	=	15	1	x	0	=	0	8	x	1	=	8
20	8	x	0	=	0	10	x	5	=	50	8	x	3	=	24

#	11					12					13			
1	9	x	0	=	0	10	x	9	=	90	7	x	5	=	35
2	9	x	4	=	36	11	x	1	=	11	9	x	1	=	9
3	8	x	7	=	56	11	x	7	=	77	4	x	1	=	4
4	11	x	5	=	55	11	x	3	=	33	1	x	0	=	0
5	12	x	4	=	48	9	x	6	=	54	12	x	8	=	96
6	1	x	1	=	1	12	x	5	=	60	2	x	2	=	4
7	6	x	0	=	0	11	x	9	=	99	12	x	6	=	72
8	7	x	0	=	0	10	x	3	=	30	11	x	5	=	55
9	10	x	3	=	30	10	x	10	=	100	2	x	1	=	2
10	12	x	5	=	60	10	x	1	=	10	10	x	5	=	50
11	11	x	7	=	77	10	x	7	=	70	12	x	7	=	84
12	4	x	1	=	4	10	x	2	=	20	0	x	0	=	0
13	7	x	3	=	21	9	x	9	=	81	9	x	5	=	45
14	12	x	3	=	36	4	x	1	=	4	4	x	1	=	4
15	9	x	1	=	9	9	x	9	=	81	10	x	8	=	80
16	10	x	1	=	10	9	x	0	=	0	10	x	4	=	40
17	12	x	5	=	60	7	x	6	=	42	7	x	6	=	42
18	12	x	6	=	72	9	x	4	=	36	12	x	6	=	72
19	3	x	2	=	6	4	x	0	=	0	12	x	10	=	120
20	11	x	3	=	33	4	x	4	=	16	2	x	0	=	0

14

#	a		b		=
1	9	x	7	=	63
2	9	x	0	=	0
3	5	x	2	=	10
4	12	x	1	=	12
5	5	x	5	=	25
6	12	x	4	=	48
7	10	x	1	=	10
8	5	x	0	=	0
9	8	x	1	=	8
10	11	x	1	=	11
11	12	x	0	=	0
12	8	x	3	=	24
13	6	x	6	=	36
14	7	x	2	=	14
15	6	x	4	=	24
16	7	x	0	=	0
17	6	x	2	=	12
18	12	x	3	=	36
19	4	x	0	=	0
20	8	x	7	=	56

15

#	a		b		=
1	11	x	3	=	33
2	12	x	5	=	60
3	5	x	4	=	20
4	1	x	0	=	0
5	11	x	10	=	110
6	10	x	6	=	60
7	7	x	3	=	21
8	11	x	4	=	44
9	9	x	5	=	45
10	2	x	0	=	0
11	12	x	3	=	36
12	8	x	1	=	8
13	9	x	7	=	63
14	10	x	4	=	40
15	8	x	6	=	48
16	1	x	1	=	1
17	12	x	7	=	84
18	7	x	3	=	21
19	10	x	6	=	60
20	6	x	5	=	30

16

#	a		b		=
1	11	x	8	=	88
2	3	x	2	=	6
3	5	x	5	=	25
4	9	x	1	=	9
5	6	x	3	=	18
6	11	x	7	=	77
7	7	x	5	=	35
8	6	x	0	=	0
9	5	x	1	=	5
10	12	x	6	=	72
11	9	x	6	=	54
12	11	x	4	=	44
13	10	x	8	=	80
14	5	x	1	=	5
15	10	x	5	=	50
16	8	x	4	=	32
17	10	x	3	=	30
18	8	x	1	=	8
19	9	x	4	=	36
20	6	x	5	=	30

17

#	a		b		=
1	10	x	10	=	100
2	8	x	7	=	56
3	6	x	1	=	6
4	12	x	4	=	48
5	3	x	3	=	9
6	11	x	2	=	22
7	1	x	1	=	1
8	11	x	5	=	55
9	2	x	2	=	4
10	3	x	1	=	3
11	5	x	2	=	10
12	4	x	3	=	12
13	7	x	5	=	35
14	6	x	3	=	18
15	8	x	2	=	16
16	9	x	4	=	36
17	8	x	0	=	0
18	10	x	2	=	20
19	12	x	10	=	120
20	9	x	3	=	27

18

#	a		b		=
1	7	x	6	=	42
2	9	x	3	=	27
3	8	x	8	=	64
4	7	x	1	=	7
5	12	x	2	=	24
6	6	x	2	=	12
7	10	x	8	=	80
8	5	x	2	=	10
9	9	x	2	=	18
10	8	x	0	=	0
11	5	x	3	=	15
12	12	x	11	=	132
13	5	x	4	=	20
14	6	x	4	=	24
15	7	x	7	=	49
16	8	x	3	=	24
17	10	x	7	=	70
18	3	x	2	=	6
19	4	x	0	=	0
20	9	x	7	=	63

19

#	a		b		=
1	5	x	0	=	0
2	3	x	1	=	3
3	12	x	2	=	24
4	10	x	0	=	0
5	6	x	6	=	36
6	6	x	4	=	24
7	10	x	9	=	90
8	5	x	3	=	15
9	4	x	3	=	12
10	11	x	0	=	0
11	7	x	5	=	35
12	8	x	3	=	24
13	11	x	6	=	66
14	11	x	0	=	0
15	0	x	0	=	0
16	9	x	2	=	18
17	3	x	0	=	0
18	6	x	0	=	0
19	12	x	11	=	132
20	12	x	8	=	96

20

#	a		b		=
1	9	x	8	=	72
2	11	x	10	=	110
3	11	x	3	=	33
4	12	x	9	=	108
5	11	x	11	=	121
6	11	x	8	=	88
7	11	x	6	=	66
8	10	x	1	=	10
9	11	x	9	=	99
10	12	x	12	=	144
11	7	x	2	=	14
12	12	x	0	=	0
13	7	x	4	=	28
14	4	x	2	=	8
15	4	x	2	=	8
16	7	x	0	=	0
17	7	x	1	=	7
18	8	x	2	=	16
19	12	x	12	=	144
20	9	x	8	=	72

21

#	a		b		=
1	3	x	3	=	9
2	7	x	7	=	49
3	8	x	6	=	48
4	11	x	6	=	66
5	8	x	8	=	64
6	12	x	1	=	12
7	3	x	0	=	0
8	2	x	1	=	2
9	4	x	4	=	16
10	10	x	0	=	0
11	8	x	5	=	40
12	6	x	1	=	6
13	8	x	4	=	32
14	11	x	2	=	22
15	11	x	11	=	121
16	12	x	9	=	108
17	12	x	5	=	60
18	7	x	4	=	28
19	8	x	6	=	48
20	8	x	5	=	40

22

#	a		b		=
1	8	x	40	=	320
2	9	x	30	=	270
3	7	x	20	=	140
4	6	x	10	=	60
5	8	x	40	=	320
6	5	x	40	=	200
7	8	x	70	=	560
8	8	x	40	=	320
9	9	x	60	=	540
10	3	x	10	=	30
11	4	x	10	=	40
12	8	x	70	=	560
13	4	x	40	=	160
14	2	x	10	=	20
15	5	x	30	=	150
16	2	x	20	=	40
17	8	x	80	=	640
18	9	x	40	=	360
19	7	x	50	=	350
20	7	x	10	=	70

23

#	a		b		=
1	8	x	60	=	480
2	6	x	30	=	180
3	8	x	20	=	160
4	7	x	40	=	280
5	6	x	60	=	360
6	9	x	50	=	450
7	6	x	30	=	180
8	8	x	50	=	400
9	4	x	10	=	40
10	7	x	10	=	70
11	9	x	70	=	630
12	6	x	20	=	120
13	6	x	40	=	240
14	9	x	50	=	450
15	1	x	10	=	10
16	3	x	30	=	90
17	4	x	30	=	120
18	7	x	60	=	420
19	7	x	40	=	280
20	7	x	60	=	420

24

#	a		b		=
1	7	x	30	=	210
2	7	x	50	=	350
3	5	x	10	=	50
4	5	x	30	=	150
5	8	x	20	=	160
6	7	x	30	=	210
7	8	x	30	=	240
8	8	x	60	=	480
9	5	x	50	=	250
10	7	x	70	=	490
11	6	x	50	=	300
12	5	x	20	=	100
13	6	x	50	=	300
14	6	x	20	=	120
15	9	x	80	=	720
16	4	x	20	=	80
17	6	x	40	=	240
18	5	x	20	=	100
19	7	x	10	=	70
20	9	x	90	=	810

25

#	a		b		=
1	20	x	3	=	60
2	40	x	8	=	320
3	80	x	8	=	640
4	70	x	9	=	630
5	40	x	5	=	200
6	30	x	7	=	210
7	10	x	5	=	50
8	20	x	6	=	120
9	10	x	8	=	80
10	30	x	7	=	210
11	10	x	5	=	50
12	80	x	9	=	720
13	50	x	9	=	450
14	10	x	7	=	70
15	20	x	8	=	160
16	30	x	9	=	270
17	10	x	1	=	10
18	10	x	8	=	80
19	40	x	6	=	240
20	20	x	2	=	40

#	26				27				28			
1	20	x	9	=	180	20	x	7	=	140	200	x	4	=	800
2	50	x	5	=	250	10	x	6	=	60	400	x	5	=	2000
3	40	x	6	=	240	40	x	9	=	360	200	x	3	=	600
4	10	x	5	=	50	20	x	7	=	140	100	x	2	=	200
5	30	x	3	=	90	50	x	7	=	350	900	x	9	=	8100
6	10	x	9	=	90	60	x	8	=	480	300	x	7	=	2100
7	50	x	9	=	450	50	x	8	=	400	700	x	8	=	5600
8	10	x	9	=	90	30	x	8	=	240	200	x	2	=	400
9	40	x	4	=	160	60	x	9	=	540	300	x	3	=	900
10	30	x	5	=	150	20	x	3	=	60	300	x	9	=	2700
11	60	x	6	=	360	30	x	8	=	240	100	x	7	=	700
12	50	x	7	=	350	30	x	4	=	120	700	x	9	=	6300
13	20	x	4	=	80	40	x	9	=	360	600	x	9	=	5400
14	20	x	9	=	180	10	x	3	=	30	500	x	5	=	2500
15	70	x	9	=	630	90	x	9	=	810	500	x	7	=	3500
16	30	x	8	=	240	10	x	6	=	60	400	x	7	=	2800
17	40	x	9	=	360	10	x	2	=	20	400	x	5	=	2000
18	10	x	6	=	60	20	x	7	=	140	400	x	7	=	2800
19	20	x	6	=	120	70	x	7	=	490	200	x	3	=	600
20	70	x	9	=	630	60	x	8	=	480	500	x	8	=	4000

#	29				30				31			
1	300	x	5	=	1500	300	x	4	=	1200	100	x	8	=	800
2	400	x	6	=	2400	800	x	8	=	6400	200	x	8	=	1600
3	200	x	5	=	1000	300	x	4	=	1200	500	x	9	=	4500
4	300	x	5	=	1500	800	x	8	=	6400	800	x	9	=	7200
5	200	x	7	=	1400	100	x	4	=	400	200	x	7	=	1400
6	100	x	1	=	100	300	x	6	=	1800	300	x	8	=	2400
7	100	x	3	=	300	400	x	8	=	3200	400	x	9	=	3600
8	900	x	9	=	8100	100	x	6	=	600	100	x	1	=	100
9	600	x	7	=	4200	500	x	6	=	3000	800	x	8	=	6400
10	300	x	6	=	1800	200	x	8	=	1600	200	x	2	=	400
11	100	x	2	=	200	400	x	4	=	1600	500	x	5	=	2500
12	400	x	6	=	2400	600	x	6	=	3600	700	x	8	=	5600
13	600	x	8	=	4800	200	x	4	=	800	300	x	3	=	900
14	200	x	6	=	1200	500	x	8	=	4000	100	x	6	=	600
15	500	x	9	=	4500	100	x	5	=	500	100	x	9	=	900
16	300	x	8	=	2400	300	x	9	=	2700	400	x	4	=	1600
17	600	x	7	=	4200	800	x	8	=	6400	600	x	6	=	3600
18	700	x	7	=	4900	400	x	5	=	2000	100	x	4	=	400
19	500	x	6	=	3000	100	x	3	=	300	200	x	9	=	1800
20	200	x	5	=	1000	100	x	7	=	700	200	x	3	=	600

#	32				33				34			
1	300	x	7	=	2100	40	x	5	=	200	30	x	3	=	90
2	400	x	8	=	3200	200	x	4	=	800	200	x	2	=	400
3	300	x	4	=	1200	30	x	8	=	240	30	x	7	=	210
4	800	x	9	=	7200	300	x	4	=	1200	400	x	5	=	2000
5	600	x	9	=	5400	20	x	7	=	140	10	x	8	=	80
6	400	x	5	=	2000	400	x	5	=	2000	800	x	9	=	7200
7	100	x	5	=	500	70	x	9	=	630	70	x	9	=	630
8	600	x	7	=	4200	600	x	9	=	5400	200	x	3	=	600
9	200	x	6	=	1200	50	x	8	=	400	20	x	6	=	120
10	900	x	9	=	8100	500	x	7	=	3500	300	x	9	=	2700
11	100	x	2	=	200	50	x	5	=	250	10	x	7	=	70
12	500	x	7	=	3500	400	x	9	=	3600	200	x	8	=	1600
13	500	x	6	=	3000	80	x	8	=	640	40	x	9	=	360
14	600	x	8	=	4800	200	x	2	=	400	600	x	7	=	4200
15	200	x	3	=	600	50	x	7	=	350	20	x	6	=	120
16	300	x	4	=	1200	600	x	6	=	3600	500	x	8	=	4000
17	700	x	9	=	6300	20	x	4	=	80	60	x	9	=	540
18	900	x	9	=	8100	100	x	4	=	400	600	x	8	=	4800
19	100	x	2	=	200	50	x	9	=	450	10	x	1	=	10
20	700	x	7	=	4900	700	x	8	=	5600	300	x	5	=	1500

#	35				36				37			
1	60	x	8	=	480	30	x	8	=	240	20	x	3	=	60
2	700	x	9	=	6300	500	x	6	=	3000	200	x	3	=	600
3	60	x	6	=	360	10	x	5	=	50	60	x	8	=	480
4	600	x	9	=	5400	100	x	5	=	500	100	x	2	=	200
5	80	x	9	=	720	10	x	8	=	80	10	x	6	=	60
6	100	x	7	=	700	800	x	8	=	6400	100	x	5	=	500
7	30	x	7	=	210	20	x	9	=	180	10	x	6	=	60
8	500	x	8	=	4000	300	x	8	=	2400	300	x	4	=	1200
9	40	x	4	=	160	10	x	5	=	50	10	x	5	=	50
10	100	x	6	=	600	800	x	8	=	6400	100	x	3	=	300
11	60	x	6	=	360	30	x	5	=	150	50	x	9	=	450
12	400	x	4	=	1600	100	x	9	=	900	100	x	8	=	800
13	50	x	7	=	350	20	x	2	=	40	40	x	6	=	240
14	300	x	9	=	2700	700	x	8	=	5600	100	x	1	=	100
15	20	x	6	=	120	40	x	9	=	360	10	x	9	=	90
16	800	x	9	=	7200	400	x	8	=	3200	300	x	3	=	900
17	50	x	7	=	350	20	x	7	=	140	30	x	5	=	150
18	900	x	9	=	8100	200	x	6	=	1200	300	x	7	=	2100
19	70	x	9	=	630	10	x	7	=	70	10	x	9	=	90
20	200	x	3	=	600	400	x	7	=	2800	500	x	5	=	2500

#	38					39					40				
1	20	x	9	=	180	50	x	5	=	250	40	x	8	=	320
2	200	x	9	=	1800	300	x	8	=	2400	10	x	6	=	60
3	30	x	8	=	240	10	x	5	=	50	20	x	3	=	60
4	300	x	7	=	2100	300	x	6	=	1800	200	x	8	=	1600
5	10	x	7	=	70	30	x	7	=	210	20	x	7	=	140
6	100	x	7	=	700	100	x	3	=	300	10	x	3	=	30
7	20	x	8	=	160	40	x	9	=	360	20	x	8	=	160
8	500	x	9	=	4500	300	x	3	=	900	400	x	6	=	2400
9	40	x	6	=	240	30	x	7	=	210	50	x	6	=	300
10	200	x	7	=	1400	600	x	8	=	4800	700	x	7	=	4900
11	30	x	5	=	150	30	x	8	=	240	10	x	6	=	60
12	100	x	2	=	200	200	x	6	=	1200	90	x	9	=	810
13	40	x	8	=	320	60	x	8	=	480	40	x	5	=	200
14	60	x	8	=	480	500	x	9	=	4500	20	x	7	=	140
15	10	x	2	=	20	40	x	8	=	320	10	x	4	=	40
16	70	x	9	=	630	30	x	4	=	120	400	x	5	=	2000
17	900	x	9	=	8100	20	x	5	=	100	70	x	7	=	490
18	600	x	6	=	3600	500	x	6	=	3000	600	x	7	=	4200
19	50	x	7	=	350	30	x	9	=	270	80	x	9	=	720
20	600	x	7	=	4200	40	x	9	=	360	800	x	8	=	6400

#	41					42					43				
1	40	x	7	=	280	20	x	6	=	120	57	x	8	=	456
2	200	x	7	=	1400	300	x	4	=	1200	59	x	1	=	59
3	60	x	7	=	420	50	x	9	=	450	60	x	1	=	60
4	100	x	1	=	100	500	x	5	=	2500	54	x	4	=	216
5	20	x	4	=	80	20	x	5	=	100	90	x	1	=	90
6	300	x	4	=	1200	100	x	6	=	600	92	x	2	=	184
7	40	x	8	=	320	30	x	6	=	180	89	x	8	=	712
8	400	x	4	=	1600	500	x	7	=	3500	91	x	1	=	91
9	30	x	3	=	90	10	x	4	=	40	96	x	7	=	672
10	400	x	6	=	2400	200	x	3	=	600	98	x	8	=	784
11	40	x	6	=	240	70	x	8	=	560	71	x	6	=	426
12	800	x	8	=	6400	100	x	2	=	200	73	x	7	=	511
13	30	x	4	=	120	50	x	8	=	400	16	x	7	=	112
14	200	x	5	=	1000	400	x	7	=	2800	18	x	8	=	144
15	90	x	9	=	810	60	x	9	=	540	81	x	8	=	648
16	500	x	6	=	3000	200	x	4	=	800	83	x	1	=	83
17	60	x	7	=	420	10	x	3	=	30	82	x	1	=	82
18	300	x	5	=	1500	400	x	5	=	2000	84	x	2	=	168
19	50	x	6	=	300	70	x	8	=	560	76	x	3	=	228
20	200	x	5	=	1000	70	x	7	=	490	78	x	4	=	312

#	44					45					46				
1	74	x	1	=	74	20	x	3	=	60	97	x	8	=	776
2	76	x	2	=	152	22	x	4	=	88	99	x	1	=	99
3	62	x	5	=	310	21	x	4	=	84	59	x	2	=	118
4	64	x	6	=	384	23	x	5	=	115	61	x	3	=	183
5	68	x	3	=	204	64	x	7	=	448	61	x	4	=	244
6	70	x	4	=	280	66	x	8	=	528	63	x	5	=	315
7	84	x	3	=	252	58	x	1	=	58	70	x	5	=	350
8	86	x	4	=	344	60	x	2	=	120	72	x	6	=	432
9	60	x	3	=	180	78	x	5	=	390	73	x	8	=	584
10	62	x	4	=	248	80	x	6	=	480	75	x	1	=	75
11	66	x	1	=	66	80	x	7	=	560	79	x	6	=	474
12	68	x	2	=	136	82	x	8	=	656	81	x	7	=	567
13	92	x	3	=	276	18	x	1	=	18	15	x	6	=	90
14	94	x	4	=	376	20	x	2	=	40	17	x	7	=	119
15	28	x	3	=	84	88	x	7	=	616	86	x	5	=	430
16	30	x	4	=	120	90	x	8	=	720	88	x	6	=	528
17	98	x	1	=	98	94	x	5	=	470	93	x	4	=	372
18	52	x	2	=	104	96	x	6	=	576	95	x	5	=	475
19	29	x	4	=	116	27	x	2	=	54	26	x	1	=	26
20	31	x	5	=	155	29	x	3	=	87	28	x	2	=	56

#	47					48					49				
1	99	x	2	=	198	83	x	2	=	166	43	x	2	=	86
2	53	x	3	=	159	85	x	3	=	255	45	x	3	=	135
3	95	x	6	=	570	85	x	4	=	340	37	x	4	=	148
4	97	x	7	=	679	87	x	5	=	435	39	x	5	=	195
5	91	x	2	=	182	19	x	2	=	38	35	x	2	=	70
6	93	x	3	=	279	21	x	3	=	63	37	x	3	=	111
7	87	x	6	=	522	67	x	2	=	134	17	x	8	=	136
8	89	x	7	=	623	69	x	3	=	207	19	x	1	=	19
9	63	x	6	=	378	69	x	4	=	276	40	x	7	=	280
10	65	x	7	=	455	71	x	5	=	355	42	x	8	=	336
11	65	x	8	=	520	38	x	5	=	190	41	x	8	=	328
12	67	x	1	=	67	40	x	6	=	240	43	x	1	=	43
13	72	x	7	=	504	45	x	8	=	360	42	x	1	=	42
14	74	x	8	=	592	10	x	9	=	90	14	x	2	=	28
15	77	x	4	=	308	13	x	4	=	52	15	x	1	=	15
16	79	x	5	=	395	56	x	7	=	392	70	x	2	=	140
17	14	x	5	=	70	15	x	5	=	75	46	x	5	=	230
18	16	x	6	=	96	58	x	8	=	464	48	x	6	=	288
19	75	x	2	=	150	36	x	3	=	108	56	x	2	=	112
20	77	x	3	=	231	38	x	4	=	152	33	x	3	=	99

#		50					51					52		
1	23	x	5	=	115	33	x	8	=	264	48	x	7	=	336
2	20	x	6	=	120	35	x	1	=	35	50	x	8	=	400
3	54	x	5	=	270	34	x	1	=	34	22	x	5	=	110
4	56	x	6	=	336	36	x	2	=	72	24	x	6	=	144
5	40	x	3	=	120	50	x	1	=	50	52	x	3	=	156
6	12	x	4	=	48	52	x	2	=	104	54	x	4	=	216
7	39	x	6	=	234	55	x	6	=	330	23	x	6	=	138
8	41	x	7	=	287	57	x	7	=	399	25	x	7	=	175
9	45	x	4	=	180	30	x	5	=	150	11	x	2	=	22
10	47	x	5	=	235	32	x	6	=	192	13	x	3	=	39
11	45	x	4	=	180	51	x	2	=	102	12	x	3	=	36
12	15	x	5	=	75	53	x	3	=	159	14	x	4	=	56
13	18	x	6	=	108	31	x	6	=	186	24	x	7	=	168
14	19	x	7	=	133	33	x	7	=	231	26	x	8	=	208
15	25	x	8	=	200	53	x	4	=	212	11	x	9	=	99
16	27	x	1	=	27	55	x	5	=	275	11	x	1	=	11
17	44	x	3	=	132	32	x	7	=	224	10	x	1	=	10
18	46	x	4	=	184	34	x	8	=	272	12	x	2	=	24
19	49	x	8	=	392	47	x	6	=	282	11	x	7	=	77
20	51	x	1	=	51	49	x	7	=	343	10	x	8	=	80

#		53					54					55		
1	523	x	9	=	4707	614	x	1	=	614	662	x	4	=	2648
2	261	x	8	=	2088	867	x	2	=	1734	655	x	6	=	3930
3	592	x	6	=	3552	326	x	1	=	326	761	x	4	=	3044
4	254	x	1	=	254	509	x	4	=	2036	754	x	6	=	4524
5	391	x	3	=	1173	920	x	1	=	920	524	x	1	=	524
6	404	x	7	=	2828	273	x	2	=	546	707	x	4	=	2828
7	292	x	3	=	876	575	x	7	=	4025	622	x	9	=	5598
8	305	x	7	=	2135	974	x	1	=	974	360	x	8	=	2880
9	196	x	6	=	1176	820	x	9	=	7380	870	x	5	=	4350
10	998	x	7	=	6986	369	x	8	=	2952	380	x	1	=	380
11	317	x	1	=	317	722	x	1	=	722	179	x	7	=	1253
12	570	x	2	=	1140	905	x	4	=	3620	578	x	1	=	578
13	266	x	4	=	1064	589	x	3	=	1767	464	x	4	=	1856
14	259	x	6	=	1554	602	x	7	=	4214	457	x	6	=	2742
15	278	x	7	=	1946	579	x	2	=	1158	193	x	3	=	579
16	677	x	1	=	677	510	x	5	=	2550	206	x	7	=	1442
17	377	x	7	=	2639	394	x	6	=	2364	787	x	3	=	2361
18	776	x	1	=	776	155	x	1	=	155	800	x	7	=	5600
19	949	x	3	=	2847	678	x	2	=	1356	480	x	2	=	960
20	182	x	1	=	182	609	x	5	=	3045	411	x	5	=	2055

#		56					57					58		
1	295	x	6	=	1770	493	x	6	=	2958	476	x	7	=	3332
2	112	x	3	=	336	211	x	3	=	633	875	x	1	=	875
3	721	x	9	=	6489	918	x	8	=	7344	674	x	7	=	4718
4	459	x	8	=	3672	899	x	7	=	6293	184	x	3	=	552
5	919	x	9	=	8271	490	x	3	=	1470	563	x	4	=	2252
6	410	x	4	=	1640	503	x	7	=	3521	556	x	6	=	3336
7	218	x	1	=	218	872	x	7	=	6104	821	x	1	=	821
8	471	x	2	=	942	168	x	5	=	840	174	x	2	=	348
9	515	x	1	=	515	425	x	1	=	425	119	x	1	=	119
10	768	x	2	=	1536	608	x	4	=	2432	372	x	2	=	744
11	969	x	5	=	4845	623	x	1	=	623	462	x	2	=	924
12	479	x	1	=	479	806	x	4	=	3224	190	x	9	=	1710
13	767	x	1	=	767	416	x	1	=	416	967	x	3	=	2901
14	160	x	6	=	960	669	x	2	=	1338	356	x	4	=	1424
15	773	x	7	=	5411	177	x	5	=	885	569	x	1	=	569
16	958	x	3	=	2874	281	x	1	=	281	424	x	9	=	3816
17	688	x	3	=	2064	668	x	1	=	668	851	x	4	=	3404
18	701	x	7	=	4907	950	x	4	=	3800	162	x	8	=	1296
19	381	x	2	=	762	713	x	1	=	713	264	x	2	=	528
20	312	x	5	=	1560	966	x	2	=	1932	482	x	4	=	1928

#		59					60					61		
1	957	x	2	=	1914	226	x	9	=	2034	951	x	5	=	4755
2	685	x	9	=	6165	879	x	5	=	4395	284	x	4	=	1136
3	363	x	2	=	726	412	x	6	=	2472	785	x	1	=	785
4	581	x	4	=	2324	790	x	6	=	4740	483	x	5	=	2415
5	165	x	2	=	330	561	x	2	=	1122	325	x	9	=	2925
6	383	x	4	=	1532	289	x	9	=	2601	978	x	5	=	4890
7	365	x	4	=	1460	290	x	1	=	290	555	x	5	=	2775
8	358	x	6	=	2148	883	x	9	=	7947	708	x	5	=	3540
9	660	x	2	=	1320	511	x	6	=	3066	884	x	1	=	884
10	388	x	9	=	3492	889	x	6	=	5334	582	x	5	=	2910
11	759	x	2	=	1518	769	x	3	=	2307	654	x	5	=	3270
12	487	x	9	=	4383	158	x	4	=	632	807	x	5	=	4035
13	858	x	2	=	1716	282	x	2	=	564	127	x	9	=	1143
14	586	x	9	=	5274	213	x	5	=	1065	780	x	5	=	3900
15	389	x	1	=	389	191	x	1	=	191	753	x	5	=	3765
16	982	x	9	=	8838	784	x	9	=	7056	906	x	5	=	4530
17	313	x	6	=	1878	686	x	1	=	686	488	x	1	=	488
18	691	x	6	=	4146	384	x	5	=	1920	186	x	5	=	930
19	610	x	6	=	3660	852	x	5	=	4260	587	x	1	=	587
20	988	x	6	=	5928	185	x	4	=	740	285	x	5	=	1425

62

#	a		b		c
1	860	x	4	=	3440
2	853	x	6	=	5118
3	983	x	1	=	983
4	681	x	5	=	3405
5	959	x	4	=	3836
6	952	x	6	=	5712
7	371	x	1	=	371
8	653	x	4	=	2612
9	470	x	1	=	470
10	752	x	4	=	3008
11	183	x	2	=	366
12	114	x	5	=	570
13	173	x	1	=	173
14	455	x	4	=	1820
15	272	x	1	=	272
16	554	x	4	=	2216
17	868	x	3	=	2604
18	257	x	4	=	1028
19	310	x	3	=	930
20	353	x	1	=	353

63

#	a		b		c
1	6035	x	3	=	18105
2	8882	x	4	=	35528
3	8134	x	1	=	8134
4	9905	x	2	=	19810
5	7197	x	9	=	64773
6	9575	x	1	=	9575
7	7195	x	8	=	57560
8	9542	x	9	=	85878
9	7209	x	6	=	43254
10	9773	x	7	=	68411
11	7145	x	8	=	57160
12	9036	x	9	=	81324
13	1035	x	7	=	7245
14	8431	x	8	=	67448
15	7179	x	9	=	64611
16	9278	x	1	=	9278
17	7181	x	1	=	7181
18	9311	x	2	=	18622
19	7155	x	4	=	28620
20	9091	x	5	=	45455

64

#	a		b		c
1	7151	x	2	=	14302
2	9069	x	3	=	27207
3	6045	x	8	=	48360
4	8937	x	9	=	80433
5	6057	x	5	=	30285
6	9003	x	6	=	54018
7	7185	x	3	=	21555
8	9377	x	4	=	37508
9	6041	x	6	=	36246
10	8915	x	7	=	62405
11	6053	x	3	=	18159
12	8981	x	4	=	35924
13	7201	x	2	=	14402
14	9641	x	3	=	28923
15	2236	x	1	=	2236
16	8563	x	2	=	17126
17	7213	x	8	=	57704
18	9839	x	9	=	88551
19	2238	x	2	=	4476
20	8574	x	3	=	25722

65

#	a		b		c
1	2220	x	2	=	4440
2	8475	x	3	=	25425
3	2222	x	3	=	6666
4	8486	x	4	=	33944
5	6049	x	1	=	6049
6	8959	x	2	=	17918
7	6037	x	4	=	24148
8	8893	x	5	=	44465
9	7173	x	6	=	43038
10	9113	x	7	=	63791
11	7177	x	8	=	57416
12	9245	x	9	=	83205
13	2216	x	9	=	19944
14	8453	x	1	=	8453
15	7193	x	7	=	50351
16	9509	x	8	=	76072
17	7205	x	4	=	28820
18	9707	x	5	=	48535
19	2234	x	9	=	20106
20	8552	x	1	=	8552

66

#	a		b		c
1	7211	x	7	=	50477
2	9806	x	8	=	78448
3	6039	x	5	=	30195
4	8904	x	6	=	53424
5	6043	x	7	=	42301
6	8926	x	8	=	71408
7	6061	x	7	=	42427
8	9025	x	8	=	72200
9	7149	x	1	=	7149
10	9058	x	2	=	18116
11	7175	x	7	=	50225
12	9124	x	8	=	72992
13	1034	x	6	=	6204
14	8420	x	7	=	58940
15	7189	x	5	=	35945
16	9443	x	6	=	56658
17	7203	x	3	=	21609
18	9674	x	4	=	38696
19	2232	x	8	=	17856
20	8541	x	9	=	76869

67

#	a		b		c
1	7215	x	9	=	64935
2	9872	x	1	=	9872
3	7207	x	5	=	36035
4	9740	x	6	=	58440
5	7199	x	1	=	7199
6	9608	x	2	=	19216
7	7191	x	6	=	43146
8	9476	x	7	=	66332
9	6047	x	9	=	54423
10	8948	x	1	=	8948
11	6051	x	2	=	12102
12	8970	x	3	=	26910
13	7147	x	9	=	64323
14	9047	x	1	=	9047
15	7171	x	5	=	35855
16	9102	x	6	=	54612
17	1033	x	5	=	5165
18	8409	x	6	=	50454
19	7153	x	3	=	21459
20	9080	x	4	=	36320

68

#	a		b		c
1	7183	x	2	=	14366
2	9344	x	3	=	28032
3	7187	x	4	=	28748
4	9410	x	5	=	47050
5	2218	x	1	=	2218
6	8464	x	2	=	16928
7	6055	x	4	=	24220
8	8992	x	5	=	44960
9	6059	x	6	=	36354
10	9014	x	7	=	63098
11	5249	x	2	=	10498
12	8673	x	3	=	26019
13	1027	x	8	=	8216
14	8277	x	9	=	74493
15	1032	x	4	=	4128
16	6033	x	2	=	12066
17	8398	x	5	=	41990
18	8871	x	3	=	26613
19	4983	x	9	=	44847
20	8651	x	1	=	8651

69

#	a		b		c
1	6007	x	7	=	42049
2	8728	x	8	=	69824
3	5116	x	1	=	5116
4	8662	x	2	=	17324
5	4850	x	8	=	38800
6	8640	x	9	=	77760
7	2214	x	8	=	17712
8	8442	x	9	=	75978
9	6001	x	4	=	24004
10	8695	x	5	=	43475
11	6003	x	5	=	30015
12	8706	x	6	=	52236
13	6005	x	6	=	36030
14	8717	x	7	=	61019
15	1020	x	1	=	1020
16	8145	x	2	=	16290
17	6013	x	1	=	6013
18	8761	x	2	=	17522
19	1021	x	2	=	2042
20	8156	x	3	=	24468

70

#	a		b		c
1	1024	x	5	=	5120
2	8244	x	6	=	49464
3	6029	x	9	=	54261
4	8849	x	1	=	8849
5	1022	x	3	=	3066
6	8222	x	4	=	32888
7	5382	x	3	=	16146
8	8684	x	4	=	34736
9	6011	x	9	=	54099
10	8750	x	1	=	8750
11	1023	x	4	=	4092
12	8233	x	5	=	41165
13	1025	x	6	=	6150
14	8255	x	7	=	57785
15	2230	x	7	=	15610
16	8530	x	8	=	68240
17	6009	x	8	=	48072
18	8739	x	9	=	78651
19	6019	x	4	=	24076
20	8794	x	5	=	43970

71

#	a		b		c
1	2246	x	6	=	13476
2	8618	x	7	=	60326
3	4717	x	7	=	33019
4	8629	x	8	=	69032
5	6021	x	5	=	30105
6	8805	x	6	=	52830
7	6031	x	1	=	6031
8	8860	x	2	=	17720
9	2240	x	3	=	6720
10	8585	x	4	=	34340
11	6023	x	6	=	36138
12	8816	x	7	=	61712
13	2242	x	4	=	8968
14	8596	x	5	=	42980
15	6027	x	8	=	48216
16	8838	x	9	=	79542
17	2244	x	5	=	11220
18	8607	x	6	=	51642
19	6015	x	2	=	12030
20	8772	x	3	=	26316

72

#	a		b		c
1	6017	x	3	=	18051
2	8783	x	4	=	35132
3	2224	x	4	=	8896
4	8497	x	5	=	42485
5	6025	x	7	=	42175
6	8827	x	8	=	70616
7	2226	x	5	=	11130
8	8508	x	6	=	51048
9	1030	x	2	=	2060
10	8376	x	3	=	25128
11	1031	x	3	=	3093
12	8387	x	4	=	33548
13	2228	x	6	=	13368
14	8519	x	7	=	59633
15	1028	x	9	=	9252
16	8354	x	1	=	8354
17	1029	x	1	=	1029
18	8365	x	2	=	16730
19	1026	x	7	=	7182
20	8266	x	8	=	66128

73

#	a		b		c
1	11	x	67	=	737
2	88	x	12	=	1056
3	28	x	25	=	700
4	94	x	94	=	8836
5	11	x	16	=	176
6	74	x	74	=	5476
7	17	x	99	=	1683
8	72	x	72	=	5184
9	20	x	21	=	420
10	86	x	86	=	7396
11	44	x	81	=	3564
12	13	x	13	=	169
13	30	x	26	=	780
14	47	x	57	=	2679
15	32	x	91	=	2912
16	47	x	47	=	2209
17	62	x	92	=	5704
18	48	x	48	=	2304
19	41	x	86	=	3526
20	18	x	18	=	324

#	|	74	|		|	75	|		|	76	|	
1	40	x	84	=	3360	88	x	30	=	2640	22	x	22	=	484
2	16	x	16	=	256	51	x	61	=	3111	88	x	88	=	7744
3	13	x	72	=	936	90	x	31	=	2790	12	x	69	=	828
4	93	x	17	=	1581	52	x	62	=	3224	90	x	14	=	1260
5	54	x	78	=	4212	55	x	74	=	4070	64	x	71	=	4544
6	99	x	23	=	2277	95	x	19	=	1805	92	x	16	=	1472
7	21	x	94	=	1974	56	x	68	=	3808	43	x	80	=	3440
8	50	x	50	=	2500	89	x	13	=	1157	12	x	12	=	144
9	15	x	70	=	1050	42	x	88	=	3696	65	x	83	=	5395
10	91	x	15	=	1365	44	x	44	=	1936	15	x	15	=	225
11	16	x	76	=	1216	58	x	90	=	5220	57	x	89	=	5073
12	97	x	21	=	2037	46	x	46	=	2116	45	x	45	=	2025
13	13	x	17	=	221	74	x	28	=	2072	39	x	25	=	975
14	78	x	78	=	6084	49	x	59	=	2891	46	x	56	=	2576
15	83	x	38	=	3154	20	x	98	=	1960	34	x	96	=	3264
16	59	x	69	=	4071	70	x	70	=	4900	52	x	52	=	2704
17	24	x	23	=	552	16	x	19	=	304	14	x	18	=	252
18	90	x	90	=	8100	82	x	82	=	6724	80	x	80	=	6400
19	89	x	39	=	3471	80	x	37	=	2960	71	x	36	=	2556
20	60	x	10	=	600	58	x	68	=	3944	57	x	67	=	3819

#		77				78				79		
1	26	x	24	=	624	33	x	93	=	3069	77	x	53	=	4081
2	92	x	92	=	8464	49	x	49	=	2401	74	x	83	=	6142
3	18	x	20	=	360	22	x	95	=	2090	87	x	47	=	4089
4	84	x	84	=	7056	51	x	51	=	2601	68	x	77	=	5236
5	12	x	18	=	216	68	x	29	=	1972	75	x	45	=	3375
6	76	x	76	=	5776	50	x	60	=	3000	66	x	70	=	4620
7	19	x	97	=	1843	35	x	77	=	2695	31	x	27	=	837
8	53	x	53	=	2809	98	x	22	=	2156	48	x	58	=	2784
9	49	x	73	=	3577	59	x	79	=	4661	93	x	50	=	4650
10	94	x	18	=	1692	11	x	11	=	121	71	x	80	=	5680
11	14	x	75	=	1050	24	x	48	=	1152	95	x	51	=	4845
12	96	x	20	=	1920	69	x	78	=	5382	72	x	81	=	5832
13	60	x	82	=	4920	84	x	18	=	1512	29	x	52	=	1508
14	14	x	14	=	196	39	x	15	=	585	73	x	82	=	5986
15	63	x	87	=	5481	76	x	23	=	1748	67	x	11	=	737
16	19	x	19	=	361	52	x	66	=	3432	30	x	26	=	780
17	38	x	24	=	912	44	x	20	=	880	18	x	56	=	1008
18	45	x	21	=	945	87	x	11	=	957	77	x	86	=	6622
19	61	x	85	=	5185	82	x	46	=	3772	99	x	12	=	1188
20	17	x	17	=	289	67	x	80	=	5360	32	x	27	=	864

#		80				81				82		
1	91	x	15	=	1365	97	x	43	=	4171	66	x	58	=	3828
2	36	x	12	=	432	64	x	50	=	3200	79	x	88	=	6952
3	50	x	64	=	3200	73	x	44	=	3212	28	x	32	=	896
4	85	x	94	=	7990	65	x	60	=	3900	53	x	63	=	3339
5	81	x	13	=	1053	53	x	60	=	3180	45	x	62	=	2790
6	34	x	28	=	952	81	x	90	=	7290	83	x	92	=	7636
7	85	x	49	=	4165	51	x	65	=	3315	98	x	33	=	3234
8	70	x	79	=	5530	86	x	95	=	8170	54	x	64	=	3456
9	48	x	55	=	2640	25	x	40	=	1000	94	x	21	=	1974
10	76	x	85	=	6460	61	x	20	=	1220	42	x	18	=	756
11	26	x	14	=	364	47	x	61	=	2867	70	x	22	=	1540
12	35	x	11	=	385	82	x	91	=	7462	43	x	19	=	817
13	92	x	16	=	1472	96	x	41	=	3936	37	x	34	=	1258
14	37	x	13	=	481	62	x	30	=	1860	55	x	65	=	3575
15	69	x	35	=	2415	27	x	63	=	1701	72	x	19	=	1368
16	56	x	66	=	3696	84	x	93	=	7812	40	x	16	=	640
17	79	x	54	=	4266	36	x	42	=	1512	78	x	20	=	1560
18	75	x	84	=	6300	63	x	40	=	2520	41	x	17	=	697
19	46	x	59	=	2714	23	x	57	=	1311	86	x	17	=	1462
20	80	x	89	=	7120	78	x	87	=	6786	38	x	14	=	532

#		83				84				85		
1	588	x	29	=	17052	216	x	35	=	7560	135	x	17	=	2295
2	818	x	75	=	61350	433	x	84	=	36372	315	x	57	=	17955
3	270	x	47	=	12690	198	x	31	=	6138	528	x	17	=	8976
4	495	x	97	=	48015	406	x	78	=	31668	728	x	57	=	41496
5	244	x	42	=	10248	207	x	33	=	6831	963	x	31	=	29853
6	469	x	92	=	43148	423	x	81	=	34263	414	x	79	=	32706
7	648	x	41	=	26568	234	x	39	=	9126	961	x	29	=	27869
8	898	x	91	=	81718	459	x	89	=	40851	397	x	76	=	30172
9	261	x	45	=	11745	597	x	30	=	17910	627	x	36	=	22572
10	486	x	95	=	46170	405	x	77	=	31185	442	x	86	=	38012
11	208	x	34	=	7072	607	x	32	=	19424	225	x	37	=	8325
12	857	x	82	=	70274	415	x	80	=	33200	450	x	87	=	39150
13	947	x	15	=	14205	252	x	43	=	10836	527	x	16	=	8432
14	306	x	55	=	16830	477	x	93	=	44361	307	x	56	=	17192
15	628	x	37	=	23236	951	x	19	=	18069	243	x	41	=	9963
16	878	x	87	=	76386	333	x	61	=	20313	468	x	91	=	42588
17	226	x	38	=	8588	262	x	46	=	12052	253	x	44	=	11132
18	451	x	88	=	39688	487	x	96	=	46752	478	x	94	=	44932
19	967	x	35	=	33845	145	x	20	=	2900	538	x	19	=	10222
20	441	x	85	=	37485	748	x	61	=	45628	747	x	60	=	44820

86

#	a		b		c
1	668	x	45	=	30060
2	918	x	95	=	87210
3	190	x	30	=	5700
4	827	x	76	=	62852
5	962	x	30	=	28860
6	828	x	77	=	63756
7	965	x	33	=	31845
8	424	x	82	=	34768
9	966	x	34	=	32844
10	858	x	83	=	71214
11	968	x	36	=	34848
12	877	x	86	=	75422
13	518	x	15	=	7770
14	717	x	54	=	38718
15	235	x	40	=	9400
16	460	x	90	=	41400
17	658	x	43	=	28294
18	908	x	93	=	84444
19	144	x	19	=	2736
20	325	x	60	=	19500

87

#	a		b		c
1	677	x	46	=	31142
2	927	x	96	=	88992
3	667	x	44	=	29348
4	917	x	94	=	86198
5	657	x	42	=	27594
6	907	x	92	=	83444
7	647	x	40	=	25880
8	897	x	90	=	80730
9	598	x	31	=	18538
10	837	x	78	=	65286
11	199	x	32	=	6368
12	838	x	79	=	66202
13	617	x	34	=	20978
14	432	x	83	=	35856
15	217	x	36	=	7812
16	868	x	85	=	73780
17	126	x	15	=	1890
18	298	x	54	=	16092
19	618	x	35	=	21630
20	867	x	84	=	72828

88

#	a		b		c
1	637	x	38	=	24206
2	887	x	88	=	78056
3	638	x	39	=	24882
4	888	x	89	=	79032
5	948	x	16	=	15168
6	727	x	56	=	40712
7	964	x	32	=	30848
8	847	x	80	=	67760
9	608	x	33	=	20064
10	848	x	81	=	68688
11	162	x	23	=	3726
12	352	x	66	=	23232
13	117	x	13	=	1521
14	288	x	51	=	14688
15	946	x	14	=	13244
16	189	x	29	=	5481
17	708	x	53	=	37524
18	396	x	75	=	29700
19	557	x	22	=	12254
20	351	x	65	=	22815

89

#	a		b		c
1	956	x	24	=	22944
2	787	x	68	=	53516
3	954	x	22	=	20988
4	768	x	65	=	49920
5	154	x	22	=	3388
6	767	x	64	=	49088
7	127	x	16	=	2032
8	718	x	55	=	39490
9	955	x	23	=	21965
10	360	x	67	=	24120
11	163	x	24	=	3912
12	778	x	67	=	52126
13	567	x	24	=	13608
14	361	x	68	=	24548
15	100	x	10	=	1000
16	678	x	47	=	31866
17	957	x	25	=	23925
18	370	x	70	=	25900
19	108	x	11	=	1188
20	271	x	48	=	13008

90

#	a		b		c
1	109	x	12	=	1308
2	688	x	49	=	33712
3	587	x	28	=	16436
4	388	x	74	=	28712
5	498	x	11	=	5478
6	687	x	48	=	32976
7	558	x	23	=	12834
8	777	x	66	=	51282
9	568	x	25	=	14200
10	788	x	69	=	54372
11	943	x	11	=	10373
12	279	x	49	=	13671
13	507	x	12	=	6084
14	280	x	50	=	14000
15	950	x	18	=	17100
16	738	x	59	=	43542
17	171	x	25	=	4275
18	369	x	69	=	25461
19	958	x	26	=	24908
20	798	x	71	=	56658

91

#	a		b		c
1	548	x	21	=	11508
2	758	x	63	=	47754
3	953	x	21	=	20013
4	343	x	64	=	21952
5	180	x	27	=	4860
6	379	x	72	=	27288
7	960	x	28	=	26880
8	817	x	74	=	60458
9	547	x	20	=	10940
10	334	x	62	=	20708
11	578	x	27	=	15606
12	807	x	72	=	58104
13	952	x	20	=	19040
14	757	x	62	=	46934
15	181	x	28	=	5068
16	808	x	73	=	58984
17	153	x	21	=	3213
18	342	x	63	=	21546
19	172	x	26	=	4472
20	797	x	70	=	55790

92

#	a		b		c
1	577	x	26	=	15002
2	378	x	71	=	26838
3	949	x	17	=	16133
4	316	x	58	=	18328
5	959	x	27	=	25893
6	387	x	73	=	28251
7	136	x	18	=	2448
8	737	x	58	=	42746
9	118	x	14	=	1652
10	707	x	52	=	36764
11	517	x	14	=	7238
12	297	x	53	=	15741
13	537	x	18	=	9666
14	324	x	59	=	19116
15	508	x	13	=	6604
16	698	x	51	=	35598
17	945	x	13	=	12285
18	289	x	52	=	15028
19	944	x	12	=	11328
20	697	x	50	=	34850

93

#	a		b		c
1	8840	x	67	=	592280
2	4090	x	78	=	319020
3	9343	x	21	=	196203
4	8925	x	35	=	312375
5	6073	x	11	=	66803
6	8325	x	25	=	208125
7	5746	x	99	=	568854
8	8265	x	24	=	198360
9	8035	x	17	=	136595
10	8685	x	31	=	269235
11	5830	x	81	=	472230
12	4552	x	92	=	418784
13	3182	x	26	=	82732
14	5609	x	37	=	207533
15	3130	x	91	=	284830
16	7785	x	16	=	124560
17	3457	x	92	=	318044
18	7845	x	17	=	133365
19	9100	x	86	=	782600
20	4717	x	11	=	51887

94

#	a		b		c
1	7792	x	84	=	654528
2	4651	x	95	=	441845
3	9530	x	72	=	686160
4	4255	x	83	=	353165
5	3868	x	78	=	301704
6	4453	x	89	=	396317
7	4111	x	94	=	386434
8	7965	x	19	=	151335
9	9254	x	70	=	647780
10	4189	x	81	=	339309
11	2560	x	76	=	194560
12	4387	x	87	=	381669
13	6727	x	13	=	87451
14	8445	x	27	=	228015
15	4838	x	38	=	183844
16	9761	x	49	=	478289
17	8689	x	19	=	165091
18	8805	x	33	=	290565
19	4976	x	39	=	194064
20	3166	x	50	=	158300

95

#	a		b		c
1	3734	x	30	=	112020
2	6993	x	41	=	286713
3	3872	x	31	=	120032
4	7339	x	42	=	308238
5	9806	x	74	=	725644
6	4321	x	85	=	367285
7	8978	x	68	=	610504
8	4123	x	79	=	325717
9	2149	x	88	=	189112
10	4783	x	13	=	62179
11	2803	x	90	=	252270
12	4849	x	15	=	72735
13	3458	x	28	=	96824
14	6301	x	39	=	245739
15	5419	x	98	=	531062
16	8205	x	23	=	188715
17	7381	x	15	=	110715
18	8565	x	29	=	248385
19	4700	x	37	=	173900
20	9415	x	48	=	451920

96

#	a		b		c
1	8362	x	18	=	150516
2	8745	x	32	=	279840
3	9116	x	69	=	629004
4	4156	x	80	=	332480
5	9392	x	71	=	666832
6	4222	x	82	=	346204
7	5176	x	80	=	414080
8	4519	x	91	=	411229
9	7138	x	83	=	592454
10	4618	x	94	=	434092
11	2476	x	89	=	220364
12	4816	x	14	=	67424
13	3044	x	25	=	76100
14	5263	x	36	=	189468
15	4765	x	96	=	457440
16	8085	x	21	=	169785
17	7054	x	14	=	98756
18	8505	x	28	=	238140
19	4562	x	36	=	164232
20	9069	x	47	=	426243

97

#	a		b		c
1	9016	x	20	=	180320
2	8865	x	34	=	301410
3	7708	x	16	=	123328
4	8625	x	30	=	258750
5	6400	x	12	=	76800
6	8385	x	26	=	218010
7	5092	x	97	=	493924
8	8145	x	22	=	179190
9	9668	x	73	=	705764
10	4288	x	84	=	360192
11	9944	x	75	=	745800
12	4354	x	86	=	374444
13	6484	x	82	=	531688
14	4585	x	93	=	426405
15	9754	x	87	=	848598
16	4750	x	12	=	57000
17	2906	x	24	=	69744
18	4917	x	35	=	172095
19	8446	x	85	=	717910
20	4684	x	96	=	449664

#			98					99					100		
1	3784	x	93	=	351912	6908	x	53	=	366124	1664	x	15	=	24960
2	7905	x	18	=	142290	3628	x	64	=	232192	1803	x	26	=	46878
3	4438	x	95	=	421610	6080	x	47	=	285760	8426	x	64	=	539264
4	8025	x	20	=	160500	3430	x	58	=	198940	3991	x	75	=	299325
5	3596	x	29	=	104284	5804	x	45	=	261180	1388	x	13	=	18044
6	6647	x	40	=	265880	3364	x	56	=	188384	1111	x	24	=	26664
7	3214	x	77	=	247478	3320	x	27	=	89640	6356	x	49	=	311444
8	4420	x	88	=	388960	5955	x	38	=	226290	3496	x	60	=	209760
9	4522	x	79	=	357238	6494	x	50	=	324700	7184	x	55	=	395120
10	4486	x	90	=	403740	3529	x	61	=	215269	3694	x	66	=	243804
11	6218	x	48	=	298464	6632	x	51	=	338232	1526	x	14	=	21364
12	3463	x	59	=	204317	3562	x	62	=	220844	1457	x	25	=	36425
13	2078	x	18	=	37404	6770	x	52	=	352040	1802	x	16	=	28832
14	2841	x	29	=	82389	3595	x	63	=	226485	2149	x	27	=	58023
15	2768	x	23	=	63664	1112	x	11	=	12232	4424	x	35	=	154840
16	8702	x	66	=	574332	9670	x	22	=	212740	8723	x	46	=	401258
17	4571	x	34	=	155414	7322	x	56	=	410032	7046	x	54	=	380484
18	4057	x	77	=	312389	3727	x	67	=	249709	3661	x	65	=	237965
19	5942	x	46	=	273332	1250	x	12	=	15000	7736	x	59	=	456424
20	3397	x	57	=	193629	9997	x	23	=	229931	3826	x	70	=	267820

#			101					102					103		
1	5528	x	43	=	237704	7598	x	58	=	440684	391	x	214	=	83674
2	3298	x	54	=	178092	3793	x	69	=	261717	891	x	714	=	636174
3	5666	x	44	=	249304	4010	x	32	=	128320	610	x	433	=	264130
4	3331	x	55	=	183205	7685	x	43	=	330455	142	x	827	=	117434
5	7874	x	60	=	472440	8150	x	62	=	505300	560	x	383	=	214480
6	3859	x	71	=	273989	3925	x	73	=	286525	128	x	519	=	66432
7	8564	x	65	=	556660	4148	x	33	=	136884	551	x	374	=	206074
8	4024	x	76	=	305824	8031	x	44	=	353364	127	x	497	=	63119
9	5114	x	40	=	204560	2492	x	21	=	52332	590	x	413	=	243670
10	3199	x	51	=	163149	3879	x	32	=	124128	136	x	695	=	94520
11	8012	x	61	=	488732	2630	x	22	=	57860	461	x	284	=	130924
12	3892	x	72	=	280224	4225	x	33	=	139425	961	x	784	=	753424
13	5252	x	41	=	215332	4286	x	34	=	145724	190	x	560	=	106400
14	3232	x	52	=	168064	8377	x	45	=	376965	690	x	513	=	353970
15	8288	x	63	=	522144	2216	x	19	=	42104	511	x	334	=	170674
16	3958	x	74	=	292892	3187	x	30	=	95610	117	x	277	=	32409
17	5390	x	42	=	226380	2354	x	20	=	47080	520	x	343	=	178360
18	3265	x	53	=	173045	3533	x	31	=	109523	118	x	299	=	35282
19	7460	x	57	=	425220	1940	x	17	=	32980	490	x	313	=	153370
20	3760	x	68	=	255680	2495	x	28	=	69860	112	x	167	=	18704

#			104					105					106		
1	480	x	303	=	145440	210	x	960	=	201600	591	x	414	=	244674
2	980	x	803	=	786940	710	x	533	=	378430	137	x	717	=	98229
3	420	x	243	=	102060	211	x	980	=	206780	401	x	224	=	89824
4	920	x	743	=	683560	711	x	534	=	379674	901	x	724	=	652324
5	450	x	273	=	122850	430	x	253	=	108790	411	x	234	=	96174
6	950	x	773	=	734350	930	x	753	=	700290	911	x	734	=	668674
7	530	x	353	=	187090	400	x	223	=	89200	460	x	283	=	130180
8	122	x	387	=	47214	900	x	723	=	650700	960	x	783	=	751680
9	410	x	233	=	95530	500	x	323	=	161500	471	x	294	=	138474
10	910	x	733	=	667030	114	x	211	=	24054	971	x	794	=	770974
11	440	x	263	=	115720	510	x	333	=	169830	501	x	324	=	162324
12	940	x	763	=	717220	116	x	255	=	29580	115	x	233	=	26795
13	570	x	393	=	224010	200	x	760	=	152000	181	x	380	=	68780
14	132	x	607	=	80124	700	x	523	=	366100	681	x	504	=	343224
15	250	x	412	=	103000	550	x	373	=	205150	540	x	363	=	196020
16	750	x	573	=	429750	126	x	475	=	59850	124	x	431	=	53444
17	600	x	423	=	253800	580	x	403	=	233740	571	x	394	=	224974
18	138	x	739	=	101982	134	x	651	=	87234	133	x	629	=	83657
19	251	x	415	=	104165	241	x	385	=	92785	240	x	382	=	91680
20	751	x	574	=	431074	741	x	564	=	417924	740	x	563	=	416620

#			107					108					109		
1	601	x	424	=	254824	521	x	344	=	179224	321	x	144	=	46224
2	139	x	761	=	105779	119	x	321	=	38199	821	x	644	=	528724
3	581	x	404	=	234724	531	x	354	=	187974	291	x	114	=	33174
4	135	x	673	=	90855	123	x	409	=	50307	791	x	614	=	485674
5	561	x	384	=	215424	201	x	780	=	156780	281	x	104	=	29224
6	129	x	541	=	69789	701	x	524	=	367324	781	x	604	=	471724
7	541	x	364	=	196924	441	x	264	=	116424	191	x	580	=	110780
8	125	x	453	=	56625	941	x	764	=	718924	691	x	514	=	355174
9	421	x	244	=	102724	451	x	274	=	123574	310	x	133	=	41230
10	921	x	744	=	685224	951	x	774	=	736074	810	x	633	=	512730
11	431	x	254	=	109474	300	x	123	=	36900	311	x	134	=	41674
12	931	x	754	=	701974	800	x	623	=	498400	811	x	634	=	514174
13	470	x	293	=	137710	150	x	146	=	21900	320	x	143	=	45760
14	970	x	793	=	769210	650	x	473	=	307450	820	x	643	=	527260
15	491	x	314	=	154174	171	x	180	=	30780	111	x	145	=	16095
16	113	x	189	=	21357	390	x	213	=	83070	611	x	434	=	265174
17	180	x	360	=	64800	671	x	494	=	331474	340	x	163	=	55420
18	680	x	503	=	342040	890	x	713	=	634570	840	x	663	=	556920
19	481	x	304	=	146224	290	x	113	=	32770	120	x	343	=	41160
20	981	x	804	=	788724	790	x	613	=	484270	620	x	443	=	274660

#		110					111					112		
1	131	x	585	=	76635	271	x	654	=	177234	350	x	173	=	60550
2	631	x	454	=	286474	771	x	594	=	457974	850	x	673	=	572050
3	380	x	203	=	77140	280	x	103	=	28840	220	x	322	=	70840
4	880	x	703	=	618640	780	x	603	=	470340	720	x	543	=	390960
5	121	x	365	=	44165	360	x	183	=	65880	370	x	193	=	71410
6	621	x	444	=	275724	860	x	683	=	587380	870	x	693	=	602910
7	301	x	124	=	37324	381	x	204	=	77724	221	x	325	=	71825
8	801	x	624	=	499824	881	x	704	=	620224	721	x	544	=	392224
9	331	x	154	=	50974	260	x	442	=	114920	161	x	619	=	99659
10	831	x	654	=	543474	760	x	583	=	443080	661	x	484	=	319924
11	130	x	563	=	73190	361	x	184	=	66424	170	x	160	=	27200
12	630	x	453	=	285390	861	x	684	=	588924	670	x	493	=	330310
13	140	x	783	=	109620	261	x	445	=	116145	230	x	352	=	80960
14	640	x	463	=	296320	761	x	584	=	444424	730	x	553	=	403690
15	231	x	355	=	82005	371	x	194	=	71974	151	x	189	=	28539
16	731	x	554	=	404974	871	x	694	=	604474	651	x	474	=	308574
17	330	x	153	=	50490	270	x	632	=	170640	160	x	576	=	92160
18	830	x	653	=	541990	770	x	593	=	456610	660	x	483	=	318780
19	351	x	174	=	61074	341	x	164	=	55924	141	x	805	=	113505
20	851	x	674	=	573574	841	x	664	=	558424	641	x	464	=	297424

#		113					114					115		
1	7173	x	6	=	43038	8387	x	4	=	33548	51	x	1	=	51
2	500	x	323	=	161500	670	x	493	=	330310	798	x	71	=	56658
3	38	x	14	=	532	9102	x	6	=	54612	33	x	8	=	264
4	86	x	4	=	344	113	x	189	=	21357	548	x	21	=	11508
5	67	x	80	=	5360	8849	x	1	=	8849	8673	x	3	=	26019
6	84	x	2	=	168	880	x	703	=	618640	800	x	623	=	498400
7	68	x	29	=	1972	45	x	45	=	2025	8904	x	6	=	53424
8	81	x	8	=	648	98	x	8	=	784	901	x	724	=	652324
9	86	x	95	=	8170	8541	x	9	=	76869	93	x	17	=	1581
10	64	x	6	=	384	740	x	563	=	416620	54	x	4	=	216
11	2246	x	6	=	13476	8442	x	9	=	75978	60	x	10	=	600
12	271	x	654	=	177234	691	x	514	=	355174	92	x	2	=	184
13	19	x	1	=	19	30	x	26	=	780	56	x	6	=	336
14	718	x	55	=	39490	78	x	4	=	312	388	x	74	=	28712
15	88	x	30	=	2640	509	x	4	=	2036	51	x	51	=	2601
16	89	x	8	=	712	4255	x	83	=	353165	18	x	8	=	144
17	70	x	70	=	4900	53	x	63	=	3339	35	x	11	=	385
18	91	x	1	=	91	70	x	4	=	280	76	x	2	=	152
19	72	x	72	=	5184	920	x	1	=	920	196	x	6	=	1176
20	59	x	1	=	59	3868	x	78	=	301704	8035	x	17	=	136595

#		116					117					118		
1	25	x	40	=	1000	45	x	62	=	2790	16	x	19	=	304
2	68	x	3	=	204	84	x	3	=	252	96	x	7	=	672
3	6043	x	7	=	42301	92	x	16	=	1472	39	x	25	=	975
4	411	x	234	=	96174	62	x	5	=	310	71	x	6	=	426
5	7215	x	9	=	64935	77	x	53	=	4081	40	x	3	=	120
6	601	x	424	=	254824	76	x	3	=	228	498	x	11	=	5478
7	8794	x	5	=	43970	49	x	73	=	3577	6001	x	4	=	24004
8	851	x	674	=	573574	16	x	7	=	112	310	x	133	=	41230
9	2244	x	5	=	11220	1033	x	5	=	5165	1022	x	3	=	3066
10	270	x	632	=	170640	180	x	360	=	64800	121	x	365	=	44165
11	54	x	78	=	4212	1027	x	8	=	8216	184	x	3	=	552
12	90	x	1	=	90	150	x	146	=	21900	8025	x	20	=	160500
13	45	x	8	=	360	8838	x	9	=	79542	61	x	3	=	183
14	117	x	13	=	1521	871	x	694	=	604474	827	x	76	=	62852
15	53	x	53	=	2809	20	x	21	=	420	14	x	5	=	70
16	73	x	7	=	511	60	x	1	=	60	8893	x	5	=	44465
17	18	x	56	=	1008	40	x	6	=	240	126	x	15	=	1890
18	74	x	1	=	74	352	x	66	=	23232	900	x	723	=	650700
19	305	x	7	=	2135	2228	x	6	=	13368	168	x	5	=	840
20	8265	x	24	=	198360	230	x	352	=	80960	8145	x	22	=	179190

#		119					120					121		
1	313	x	6	=	1878	92	x	3	=	276	787	x	3	=	2361
2	7322	x	56	=	410032	252	x	43	=	10836	7381	x	15	=	110715
3	425	x	1	=	425	8981	x	4	=	35924	479	x	1	=	479
4	9668	x	73	=	705764	940	x	763	=	717220	4816	x	14	=	67424
5	767	x	1	=	767	82	x	1	=	82	353	x	1	=	353
6	3044	x	25	=	76100	226	x	38	=	8588	2495	x	28	=	69860
7	40	x	7	=	280	563	x	4	=	2252	7201	x	2	=	14402
8	955	x	23	=	21965	3596	x	29	=	104284	570	x	393	=	224010
9	482	x	4	=	1928	282	x	2	=	564	609	x	5	=	3045
10	3397	x	57	=	193629	1802	x	16	=	28832	3166	x	50	=	158300
11	957	x	2	=	1914	68	x	2	=	136	6035	x	3	=	18105
12	6908	x	53	=	366124	415	x	80	=	33200	391	x	214	=	83674
13	982	x	9	=	8838	60	x	2	=	120	662	x	4	=	2648
14	9670	x	22	=	212740	397	x	76	=	30172	3734	x	30	=	112020
15	57	x	8	=	456	24	x	7	=	168	7181	x	1	=	7181
16	588	x	29	=	17052	537	x	18	=	9666	520	x	343	=	178360
17	708	x	5	=	3540	158	x	4	=	632	206	x	7	=	1442
18	4024	x	76	=	305824	1457	x	25	=	36425	8205	x	23	=	188715
19	83	x	1	=	83	959	x	4	=	3836	884	x	1	=	884
20	878	x	87	=	76386	8150	x	62	=	505300	5114	x	40	=	204560

122

#	a	op	b	=	result
1	681	x	5	=	3405
2	7685	x	43	=	330455
3	55	x	5	=	275
4	808	x	73	=	58984
5	9278	x	1	=	9278
6	117	x	277	=	32409
7	32	x	7	=	224
8	153	x	21	=	3213
9	99	x	2	=	198
10	677	x	46	=	31142
11	79	x	5	=	395
12	868	x	85	=	73780
13	14	x	4	=	56
14	297	x	53	=	15741
15	61	x	4	=	244
16	962	x	30	=	28860
17	28	x	2	=	56
18	325	x	60	=	19500
19	78	x	5	=	390
20	627	x	36	=	22572

123

#	a	op	b	=	result
1	9	x	72	=	648
2	4	x	89	=	356
3	7	x	55	=	385
4	6	x	54	=	324
5	6	x	62	=	372
6	8	x	87	=	696
7	3	x	26	=	78
8	3	x	98	=	294
9	4	x	99	=	396
10	6	x	93	=	558

124

#	a	op	b	=	result
1	4	x	91	=	364
2	6	x	77	=	462
3	5	x	84	=	420
4	8	x	48	=	384
5	4	x	75	=	300
6	3	x	82	=	246
7	9	x	57	=	513
8	8	x	39	=	312
9	9	x	87	=	783
10	2	x	41	=	82

125

#	a	op	b	=	result
1	8	x	31	=	248
2	9	x	32	=	288
3	8	x	79	=	632
4	2	x	73	=	146
5	8	x	95	=	760
6	2	x	97	=	194
7	5	x	28	=	140
8	5	x	53	=	265
9	3	x	59	=	177
10	7	x	38	=	266

126

#	a	op	b	=	result
1	7	x	63	=	441
2	3	x	74	=	222
3	5	x	76	=	380
4	7	x	86	=	602
5	2	x	89	=	178
6	9	x	96	=	864
7	2	x	25	=	50
8	2	x	51	=	102
9	2	x	58	=	116
10	6	x	37	=	222

127

#	a	op	b	=	result
1	2	x	88	=	176
2	4	x	61	=	244
3	8	x	56	=	448
4	4	x	52	=	208
5	7	x	78	=	546
6	2	x	81	=	162
7	9	x	88	=	792
8	7	x	94	=	658
9	9	x	24	=	216
10	5	x	92	=	460

128

#	a	op	b	=	result
1	7	x	47	=	329
2	9	x	49	=	441
3	6	x	29	=	174
4	4	x	83	=	332
5	6	x	85	=	510
6	4	x	51	=	204
7	3	x	18	=	54
8	8	x	23	=	184
9	8	x	71	=	568
10	9	x	48	=	432

129

#	a	op	b	=	result
1	9	x	56	=	504
2	2	x	49	=	98
3	8	x	47	=	376
4	4	x	27	=	108
5	6	x	53	=	318
6	7	x	54	=	378
7	8	x	55	=	440
8	4	x	11	=	44
9	4	x	59	=	236
10	5	x	12	=	60

130

#	a	op	b	=	result
1	8	x	15	=	120
2	5	x	68	=	340
3	6	x	13	=	78
4	5	x	52	=	260
5	3	x	58	=	174
6	7	x	14	=	98
7	9	x	16	=	144
8	5	x	36	=	180
9	2	x	57	=	114
10	8	x	63	=	504

131

#	a	op	b	=	result
1	6	x	45	=	270
2	7	x	46	=	322
3	9	x	64	=	576
4	6	x	69	=	414
5	3	x	42	=	126
6	2	x	65	=	130
7	4	x	43	=	172
8	4	x	67	=	268
9	5	x	44	=	220
10	6	x	61	=	366

132

#	a	op	b	=	result
1	7	x	62	=	434
2	2	x	33	=	66
3	3	x	66	=	198
4	3	x	34	=	102
5	6	x	21	=	126
6	7	x	22	=	154
7	4	x	35	=	140
8	4	x	19	=	76
9	5	x	20	=	100
10	2	x	17	=	34

133

#	a	op	b	=	result
1	80	÷	8	=	10
2	32	÷	4	=	8
3	36	÷	6	=	6
4	99	÷	9	=	11
5	30	÷	5	=	6
6	30	÷	10	=	3
7	18	÷	6	=	3
8	11	÷	1	=	11
9	48	÷	6	=	8
10	10	÷	10	=	1
11	49	÷	7	=	7
12	15	÷	5	=	3
13	72	÷	6	=	12
14	40	÷	5	=	8
15	27	÷	9	=	3
16	48	÷	4	=	12
17	48	÷	8	=	6
18	12	÷	4	=	3
19	35	÷	7	=	5
20	32	÷	4	=	8

134

#					
1	70	÷	10	=	7
2	121	÷	11	=	11
3	32	÷	8	=	4
4	12	÷	12	=	1
5	6	÷	6	=	1
6	40	÷	4	=	10
7	16	÷	8	=	2
8	22	÷	11	=	2
9	77	÷	11	=	7
10	16	÷	4	=	4
11	20	÷	5	=	4
12	20	÷	4	=	5
13	40	÷	5	=	8
14	40	÷	10	=	4
15	21	÷	7	=	3
16	90	÷	10	=	9
17	60	÷	10	=	6
18	20	÷	10	=	2
19	60	÷	5	=	12
20	16	÷	4	=	4

135

#					
1	42	÷	6	=	7
2	48	÷	12	=	4
3	14	÷	7	=	2
4	28	÷	4	=	7
5	10	÷	5	=	2
6	24	÷	12	=	2
7	8	÷	8	=	1
8	144	÷	12	=	12
9	84	÷	7	=	12
10	132	÷	11	=	12
11	66	÷	11	=	6
12	8	÷	4	=	2
13	7	÷	7	=	1
14	44	÷	4	=	11
15	42	÷	7	=	6
16	33	÷	11	=	3
17	18	÷	6	=	3
18	44	÷	11	=	4
19	84	÷	7	=	12
20	10	÷	2	=	5

136

#					
1	4	÷	2	=	2
2	10	÷	1	=	10
3	9	÷	3	=	3
4	5	÷	5	=	1
5	9	÷	9	=	1
6	27	÷	3	=	9
7	24	÷	6	=	4
8	110	÷	11	=	10
9	6	÷	2	=	3
10	21	÷	3	=	7
11	6	÷	3	=	2
12	44	÷	4	=	11
13	63	÷	7	=	9
14	2	÷	2	=	1
15	70	÷	7	=	10
16	28	÷	4	=	7
17	72	÷	6	=	12
18	24	÷	2	=	12
19	55	÷	5	=	11
20	36	÷	12	=	3

137

#					
1	21	÷	7	=	3
2	7	÷	1	=	7
3	35	÷	7	=	5
4	9	÷	1	=	9
5	30	÷	6	=	5
6	12	÷	1	=	12
7	24	÷	8	=	3
8	22	÷	2	=	11
9	55	÷	5	=	11
10	30	÷	3	=	10
11	6	÷	6	=	1
12	10	÷	5	=	2
13	60	÷	6	=	10
14	24	÷	4	=	6
15	72	÷	8	=	9
16	24	÷	3	=	8
17	80	÷	10	=	8
18	108	÷	9	=	12
19	16	÷	8	=	2
20	25	÷	5	=	5

138

#					
1	88	÷	8	=	11
2	20	÷	2	=	10
3	56	÷	8	=	7
4	20	÷	5	=	4
5	28	÷	7	=	4
6	36	÷	3	=	12
7	60	÷	6	=	10
8	35	÷	5	=	7
9	7	÷	7	=	1
10	18	÷	3	=	6
11	40	÷	8	=	5
12	4	÷	4	=	1
13	56	÷	7	=	8
14	50	÷	5	=	10
15	8	÷	2	=	4
16	49	÷	7	=	7
17	8	÷	1	=	8
18	55	÷	11	=	5
19	88	÷	11	=	8
20	45	÷	9	=	5

139

#					
1	18	÷	2	=	9
2	30	÷	5	=	6
3	18	÷	9	=	2
4	40	÷	4	=	10
5	12	÷	3	=	4
6	1	÷	1	=	1
7	70	÷	7	=	10
8	50	÷	10	=	5
9	99	÷	11	=	9
10	54	÷	9	=	6
11	16	÷	2	=	8
12	5	÷	1	=	5
13	120	÷	10	=	12
14	81	÷	9	=	9
15	45	÷	5	=	9
16	77	÷	7	=	11
17	35	÷	5	=	7
18	63	÷	9	=	7
19	48	÷	4	=	12
20	14	÷	7	=	2

140

#					
1	48	÷	8	=	6
2	14	÷	2	=	7
3	100	÷	10	=	10
4	90	÷	9	=	10
5	36	÷	9	=	4
6	8	÷	8	=	1
7	15	÷	3	=	5
8	2	÷	1	=	2
9	24	÷	6	=	4
10	3	÷	1	=	3
11	56	÷	8	=	7
12	28	÷	7	=	4
13	63	÷	7	=	9
14	110	÷	10	=	11
15	48	÷	6	=	8
16	33	÷	3	=	11
17	11	÷	11	=	1
18	36	÷	4	=	9
19	42	÷	7	=	6
20	36	÷	4	=	9

141

#					
1	64	÷	8	=	8
2	24	÷	4	=	6
3	77	÷	7	=	11
4	120	÷	12	=	10
5	54	÷	6	=	9
6	36	÷	3	=	12
7	32	÷	8	=	4
8	3	÷	3	=	1
9	15	÷	5	=	3
10	96	÷	12	=	8
11	56	÷	7	=	8
12	4	÷	1	=	4
13	36	÷	6	=	6
14	20	÷	4	=	5
15	12	÷	2	=	6
16	6	÷	1	=	6
17	45	÷	5	=	9
18	108	÷	12	=	9
19	50	÷	5	=	10
20	12	÷	4	=	3

142

#					
1	5	÷	5	=	1
2	84	÷	12	=	7
3	30	÷	6	=	5
4	132	÷	12	=	11
5	66	÷	6	=	11
6	72	÷	9	=	8
7	12	÷	6	=	2
8	4	÷	4	=	1
9	66	÷	6	=	11
10	8	÷	4	=	2
11	12	÷	6	=	2
12	72	÷	12	=	6
13	25	÷	5	=	5
14	60	÷	12	=	5
15	96	÷	8	=	12
16	54	÷	6	=	9
17	24	÷	8	=	3
18	60	÷	5	=	12
19	40	÷	8	=	5
20	42	÷	6	=	7

143

#					
1	18	÷	6	=	3
2	11	÷	11	=	1
3	25	÷	5	=	5
4	42	÷	6	=	7
5	30	÷	3	=	10
6	8	÷	4	=	2
7	55	÷	5	=	11
8	66	÷	6	=	11
9	24	÷	3	=	8
10	54	÷	6	=	9
11	6	÷	3	=	2
12	56	÷	7	=	8
13	48	÷	4	=	12
14	49	÷	7	=	7
15	21	÷	7	=	3
16	5	÷	5	=	1
17	7	÷	1	=	7
18	84	÷	12	=	7
19	28	÷	4	=	7
20	6	÷	1	=	6

144

#					
1	2	÷	2	=	1
2	20	÷	4	=	5
3	10	÷	1	=	10
4	24	÷	4	=	6
5	110	÷	11	=	10
6	3	÷	3	=	1
7	9	÷	1	=	9
8	132	÷	12	=	11
9	10	÷	2	=	5
10	36	÷	4	=	9
11	27	÷	3	=	9
12	36	÷	3	=	12
13	10	÷	5	=	2
14	72	÷	12	=	6
15	22	÷	11	=	2
16	50	÷	10	=	5
17	108	÷	9	=	12
18	60	÷	5	=	12
19	77	÷	11	=	7
20	99	÷	11	=	9

145

#					
1	32	÷	4	=	8
2	45	÷	9	=	5
3	70	÷	10	=	7
4	18	÷	2	=	9
5	5	÷	5	=	1
6	120	÷	12	=	10
7	44	÷	11	=	4
8	36	÷	4	=	9
9	24	÷	2	=	12
10	108	÷	12	=	9
11	36	÷	12	=	3
12	12	÷	4	=	3
13	12	÷	4	=	3
14	55	÷	11	=	5
15	22	÷	2	=	11
16	4	÷	4	=	1
17	24	÷	4	=	6
18	60	÷	12	=	5
19	16	÷	8	=	2
20	70	÷	7	=	10

146

#	A		B		C
1	80	÷	10	=	8
2	24	÷	8	=	3
3	84	÷	7	=	12
4	42	÷	7	=	6
5	4	÷	2	=	2
6	64	÷	8	=	8
7	21	÷	3	=	7
8	96	÷	12	=	8
9	63	÷	7	=	9
10	36	÷	6	=	6
11	55	÷	5	=	11
12	50	÷	5	=	10
13	27	÷	9	=	3
14	8	÷	2	=	4
15	12	÷	1	=	12
16	72	÷	9	=	8
17	60	÷	6	=	10
18	25	÷	5	=	5
19	40	÷	4	=	10
20	1	÷	1	=	1

147

#	A		B		C
1	16	÷	8	=	2
2	40	÷	8	=	5
3	72	÷	8	=	9
4	96	÷	8	=	12
5	6	÷	6	=	1
6	12	÷	6	=	2
7	24	÷	8	=	3
8	12	÷	6	=	2
9	9	÷	3	=	3
10	77	÷	7	=	11
11	9	÷	9	=	1
12	54	÷	6	=	9
13	44	÷	4	=	11
14	4	÷	1	=	4
15	72	÷	6	=	12
16	45	÷	5	=	9
17	40	÷	5	=	8
18	50	÷	5	=	10
19	70	÷	7	=	10
20	12	÷	2	=	6

148

#	A		B		C
1	35	÷	7	=	5
2	30	÷	6	=	5
3	30	÷	6	=	5
4	66	÷	6	=	11
5	35	÷	7	=	5
6	88	÷	11	=	8
7	24	÷	6	=	4
8	32	÷	8	=	4
9	6	÷	2	=	3
10	15	÷	5	=	3
11	20	÷	10	=	2
12	63	÷	9	=	7
13	11	÷	1	=	11
14	35	÷	5	=	7
15	72	÷	6	=	12
16	33	÷	11	=	3
17	56	÷	7	=	8
18	33	÷	3	=	11
19	90	÷	10	=	9
20	77	÷	7	=	11

149

#	A		B		C
1	14	÷	7	=	2
2	100	÷	10	=	10
3	60	÷	10	=	6
4	35	÷	5	=	7
5	21	÷	7	=	3
6	45	÷	5	=	9
7	48	÷	8	=	6
8	8	÷	1	=	8
9	16	÷	4	=	4
10	14	÷	7	=	2
11	42	÷	6	=	7
12	48	÷	8	=	6
13	48	÷	12	=	4
14	14	÷	2	=	7
15	80	÷	8	=	10
16	88	÷	8	=	11
17	24	÷	12	=	2
18	8	÷	8	=	1
19	32	÷	4	=	8
20	20	÷	2	=	10

150

#	A		B		C
1	30	÷	5	=	6
2	28	÷	7	=	4
3	44	÷	4	=	11
4	110	÷	10	=	11
5	36	÷	6	=	6
6	56	÷	8	=	7
7	60	÷	5	=	12
8	48	÷	4	=	12
9	10	÷	5	=	2
10	36	÷	9	=	4
11	99	÷	9	=	11
12	20	÷	5	=	4
13	30	÷	10	=	3
14	36	÷	3	=	12
15	6	÷	6	=	1
16	12	÷	3	=	4
17	28	÷	4	=	7
18	90	÷	9	=	10
19	84	÷	7	=	12
20	24	÷	6	=	4

151

#	A		B		C
1	40	÷	5	=	8
2	120	÷	10	=	12
3	40	÷	10	=	4
4	81	÷	9	=	9
5	132	÷	11	=	12
6	3	÷	1	=	3
7	42	÷	7	=	6
8	48	÷	6	=	8
9	16	÷	4	=	4
10	54	÷	9	=	6
11	66	÷	11	=	6
12	56	÷	8	=	7
13	20	÷	5	=	4
14	16	÷	2	=	8
15	7	÷	7	=	1
16	63	÷	7	=	9
17	20	÷	4	=	5
18	5	÷	1	=	5
19	8	÷	8	=	1
20	15	÷	3	=	5

152

#	A		B		C
1	144	÷	12	=	12
2	2	÷	1	=	2
3	121	÷	11	=	11
4	30	÷	5	=	6
5	8	÷	4	=	2
6	28	÷	7	=	4
7	32	÷	8	=	4
8	18	÷	9	=	2
9	49	÷	7	=	7
10	40	÷	8	=	5
11	15	÷	5	=	3
12	4	÷	4	=	1
13	12	÷	12	=	1
14	40	÷	4	=	10
15	48	÷	6	=	8
16	7	÷	7	=	1
17	10	÷	10	=	1
18	18	÷	3	=	6
19	18	÷	6	=	3
20	60	÷	6	=	10

153

#	A		B		C
1	940	÷	10	=	94
2	440	÷	10	=	44
3	760	÷	10	=	76
4	80	÷	10	=	8
5	640	÷	10	=	64
6	120	÷	10	=	12
7	630	÷	10	=	63
8	110	÷	10	=	11
9	780	÷	10	=	78
10	100	÷	10	=	10
11	790	÷	10	=	79
12	510	÷	10	=	51
13	820	÷	10	=	82
14	560	÷	10	=	56
15	990	÷	10	=	99
16	480	÷	10	=	48
17	230	÷	10	=	23
18	490	÷	10	=	49
19	870	÷	10	=	87
20	540	÷	10	=	54

154

#	A		B		C
1	160	÷	10	=	16
2	320	÷	10	=	32
3	980	÷	10	=	98
4	340	÷	10	=	34
5	710	÷	10	=	71
6	560	÷	10	=	56
7	960	÷	10	=	96
8	230	÷	10	=	23
9	280	÷	10	=	28
10	500	÷	10	=	50
11	620	÷	10	=	62
12	510	÷	10	=	51
13	660	÷	10	=	66
14	130	÷	10	=	13
15	850	÷	10	=	85
16	180	÷	10	=	18
17	150	÷	10	=	15
18	110	÷	10	=	11
19	600	÷	10	=	60
20	400	÷	10	=	40

155

#	A		B		C
1	770	÷	10	=	77
2	370	÷	10	=	37
3	740	÷	10	=	74
4	430	÷	10	=	43
5	600	÷	10	=	60
6	350	÷	10	=	35
7	950	÷	10	=	95
8	450	÷	10	=	45
9	940	÷	10	=	94
10	330	÷	10	=	33
11	270	÷	10	=	27
12	480	÷	10	=	48
13	830	÷	10	=	83
14	570	÷	10	=	57
15	880	÷	10	=	88
16	240	÷	10	=	24
17	730	÷	10	=	73
18	250	÷	10	=	25
19	840	÷	10	=	84
20	170	÷	10	=	17

156

#	A		B		C
1	140	÷	10	=	14
2	100	÷	10	=	10
3	270	÷	10	=	27
4	490	÷	10	=	49
5	970	÷	10	=	97
6	330	÷	10	=	33
7	740	÷	10	=	74
8	310	÷	10	=	31
9	150	÷	10	=	15
10	310	÷	10	=	31
11	260	÷	10	=	26
12	470	÷	10	=	47
13	810	÷	10	=	81
14	130	÷	10	=	13
15	920	÷	10	=	92
16	530	÷	10	=	53
17	720	÷	10	=	72
18	240	÷	10	=	24
19	690	÷	10	=	69
20	360	÷	10	=	36

157

#	A		B		C
1	750	÷	10	=	75
2	70	÷	10	=	7
3	770	÷	10	=	77
4	90	÷	10	=	9
5	650	÷	10	=	65
6	120	÷	10	=	12
7	870	÷	10	=	87
8	230	÷	10	=	23
9	590	÷	10	=	59
10	340	÷	10	=	34
11	610	÷	10	=	61
12	500	÷	10	=	50
13	800	÷	10	=	80
14	520	÷	10	=	52
15	930	÷	10	=	93
16	320	÷	10	=	32
17	170	÷	10	=	17
18	90	÷	10	=	9
19	860	÷	10	=	86
20	530	÷	10	=	53

158

#					
1	950	÷	10	=	95
2	220	÷	10	=	22
3	910	÷	10	=	91
4	520	÷	10	=	52
5	760	÷	10	=	76
6	360	÷	10	=	36
7	700	÷	10	=	70
8	550	÷	10	=	55
9	730	÷	10	=	73
10	300	÷	10	=	30
11	990	÷	10	=	99
12	470	÷	10	=	47
13	900	÷	10	=	90
14	680	÷	10	=	68
15	160	÷	10	=	16
16	890	÷	10	=	89
17	80	÷	10	=	8
18	260	÷	10	=	26
19	290	÷	10	=	29
20	20	÷	10	=	2

159

#					
1	210	÷	10	=	21
2	540	÷	10	=	54
3	980	÷	10	=	98
4	460	÷	10	=	46
5	280	÷	10	=	28
6	10	÷	10	=	1
7	820	÷	10	=	82
8	140	÷	10	=	14
9	300	÷	10	=	30
10	30	÷	10	=	3
11	200	÷	10	=	20
12	50	÷	10	=	5
13	210	÷	10	=	21
14	60	÷	10	=	6
15	570	÷	10	=	57
16	830	÷	10	=	83
17	650	÷	10	=	65
18	40	÷	10	=	4
19	580	÷	10	=	58
20	840	÷	10	=	84

160

#					
1	900	÷	10	=	90
2	190	÷	10	=	19
3	190	÷	10	=	19
4	70	÷	10	=	7
5	10	÷	10	=	1
6	850	÷	10	=	85
7	290	÷	10	=	29
8	20	÷	10	=	2
9	640	÷	10	=	64
10	30	÷	10	=	3
11	240	÷	10	=	24
12	860	÷	10	=	86
13	910	÷	10	=	91
14	200	÷	10	=	20
15	680	÷	10	=	68
16	350	÷	10	=	35
17	220	÷	10	=	22
18	550	÷	10	=	55
19	780	÷	10	=	78
20	450	÷	10	=	45

161

#					
1	920	÷	10	=	92
2	420	÷	10	=	42
3	930	÷	10	=	93
4	430	÷	10	=	43
5	790	÷	10	=	79
6	460	÷	10	=	46
7	880	÷	10	=	88
8	250	÷	10	=	25
9	610	÷	10	=	61
10	410	÷	10	=	41
11	800	÷	10	=	80
12	40	÷	10	=	4
13	660	÷	10	=	66
14	410	÷	10	=	41
15	180	÷	10	=	18
16	60	÷	10	=	6
17	670	÷	10	=	67
18	420	÷	10	=	42
19	580	÷	10	=	58
20	390	÷	10	=	39

162

#					
1	590	÷	10	=	59
2	400	÷	10	=	40
3	750	÷	10	=	75
4	440	÷	10	=	44
5	810	÷	10	=	81
6	50	÷	10	=	5
7	620	÷	10	=	62
8	370	÷	10	=	37
9	710	÷	10	=	71
10	380	÷	10	=	38
11	720	÷	10	=	72
12	390	÷	10	=	39
13	630	÷	10	=	63
14	380	÷	10	=	38
15	960	÷	10	=	96
16	690	÷	10	=	69
17	970	÷	10	=	97
18	700	÷	10	=	70
19	890	÷	10	=	89
20	670	÷	10	=	67

163

#					
1	9400	÷	100	=	94
2	4400	÷	100	=	44
3	7600	÷	100	=	76
4	800	÷	100	=	8
5	6400	÷	100	=	64
6	1200	÷	100	=	12
7	6300	÷	100	=	63
8	1100	÷	100	=	11
9	7800	÷	100	=	78
10	1000	÷	100	=	10
11	7900	÷	100	=	79
12	5100	÷	100	=	51
13	8200	÷	100	=	82
14	5600	÷	100	=	56
15	9900	÷	100	=	99
16	4800	÷	100	=	48
17	1100	÷	100	=	11
18	4900	÷	100	=	49
19	8700	÷	100	=	87
20	5400	÷	100	=	54

164

#					
1	1600	÷	100	=	16
2	3200	÷	100	=	32
3	9800	÷	100	=	98
4	3400	÷	100	=	34
5	7100	÷	100	=	71
6	5600	÷	100	=	56
7	9600	÷	100	=	96
8	2300	÷	100	=	23
9	2800	÷	100	=	28
10	5000	÷	100	=	50
11	6200	÷	100	=	62
12	5100	÷	100	=	51
13	6600	÷	100	=	66
14	1300	÷	100	=	13
15	8500	÷	100	=	85
16	1800	÷	100	=	18
17	1500	÷	100	=	15
18	1100	÷	100	=	11
19	6000	÷	100	=	60
20	4000	÷	100	=	40

165

#					
1	7700	÷	100	=	77
2	3700	÷	100	=	37
3	7400	÷	100	=	74
4	4300	÷	100	=	43
5	6000	÷	100	=	60
6	3500	÷	100	=	35
7	9500	÷	100	=	95
8	4500	÷	100	=	45
9	9400	÷	100	=	94
10	3300	÷	100	=	33
11	2700	÷	100	=	27
12	4800	÷	100	=	48
13	8300	÷	100	=	83
14	5700	÷	100	=	57
15	8800	÷	100	=	88
16	2400	÷	100	=	24
17	7300	÷	100	=	73
18	2500	÷	100	=	25
19	8400	÷	100	=	84
20	1700	÷	100	=	17

166

#					
1	1400	÷	100	=	14
2	1000	÷	100	=	10
3	2700	÷	100	=	27
4	4900	÷	100	=	49
5	9700	÷	100	=	97
6	3300	÷	100	=	33
7	7400	÷	100	=	74
8	3100	÷	100	=	31
9	1500	÷	100	=	15
10	3100	÷	100	=	31
11	2600	÷	100	=	26
12	4700	÷	100	=	47
13	8100	÷	100	=	81
14	1300	÷	100	=	13
15	9200	÷	100	=	92
16	5300	÷	100	=	53
17	7200	÷	100	=	72
18	2400	÷	100	=	24
19	6900	÷	100	=	69
20	3600	÷	100	=	36

167

#					
1	7500	÷	100	=	75
2	700	÷	100	=	7
3	7700	÷	100	=	77
4	900	÷	100	=	9
5	6500	÷	100	=	65
6	1200	÷	100	=	12
7	8700	÷	100	=	87
8	2300	÷	100	=	23
9	5900	÷	100	=	59
10	3400	÷	100	=	34
11	6100	÷	100	=	61
12	5000	÷	100	=	50
13	8000	÷	100	=	80
14	5200	÷	100	=	52
15	9300	÷	100	=	93
16	3200	÷	100	=	32
17	1700	÷	100	=	17
18	900	÷	100	=	9
19	8600	÷	100	=	86
20	5300	÷	100	=	53

168

#					
1	9500	÷	100	=	95
2	2200	÷	100	=	22
3	9100	÷	100	=	91
4	5200	÷	100	=	52
5	7600	÷	100	=	76
6	3600	÷	100	=	36
7	7000	÷	100	=	70
8	5500	÷	100	=	55
9	7300	÷	100	=	73
10	3000	÷	100	=	30
11	9900	÷	100	=	99
12	4700	÷	100	=	47
13	9000	÷	100	=	90
14	6800	÷	100	=	68
15	1600	÷	100	=	16
16	8900	÷	100	=	89
17	800	÷	100	=	8
18	2600	÷	100	=	26
19	2900	÷	100	=	29
20	200	÷	100	=	2

169

#					
1	2100	÷	100	=	21
2	5400	÷	100	=	54
3	9800	÷	100	=	98
4	4600	÷	100	=	46
5	2800	÷	100	=	28
6	100	÷	100	=	1
7	8200	÷	100	=	82
8	1400	÷	100	=	14
9	3000	÷	100	=	30
10	300	÷	100	=	3
11	2000	÷	100	=	20
12	500	÷	100	=	5
13	2100	÷	100	=	21
14	600	÷	100	=	6
15	5700	÷	100	=	57
16	8300	÷	100	=	83
17	6500	÷	100	=	65
18	400	÷	100	=	4
19	5800	÷	100	=	58
20	8400	÷	100	=	84

#	170				171				172			
1	9000	÷	100	= 90	9200	÷	100	= 92	5900	÷	100	= 59
2	1900	÷	100	= 19	4200	÷	100	= 42	4000	÷	100	= 40
3	1900	÷	100	= 19	9300	÷	100	= 93	7500	÷	100	= 75
4	700	÷	100	= 7	4300	÷	100	= 43	4400	÷	100	= 44
5	100	÷	100	= 1	7900	÷	100	= 79	8100	÷	100	= 81
6	8500	÷	100	= 85	4600	÷	100	= 46	500	÷	100	= 5
7	2900	÷	100	= 29	8800	÷	100	= 88	6200	÷	100	= 62
8	200	÷	100	= 2	2500	÷	100	= 25	3700	÷	100	= 37
9	6400	÷	100	= 64	6100	÷	100	= 61	7100	÷	100	= 71
10	300	÷	100	= 3	4100	÷	100	= 41	3800	÷	100	= 38
11	1200	÷	100	= 12	8000	÷	100	= 80	7200	÷	100	= 72
12	8600	÷	100	= 86	400	÷	100	= 4	3900	÷	100	= 39
13	9100	÷	100	= 91	6600	÷	100	= 66	6300	÷	100	= 63
14	2000	÷	100	= 20	4100	÷	100	= 41	3800	÷	100	= 38
15	6800	÷	100	= 68	1800	÷	100	= 18	9600	÷	100	= 96
16	3500	÷	100	= 35	600	÷	100	= 6	6900	÷	100	= 69
17	2200	÷	100	= 22	6700	÷	100	= 67	9700	÷	100	= 97
18	5500	÷	100	= 55	4200	÷	100	= 42	7000	÷	100	= 70
19	7800	÷	100	= 78	5800	÷	100	= 58	8900	÷	100	= 89
20	4500	÷	100	= 45	3900	÷	100	= 39	6700	÷	100	= 67

#	173				174				175			
1	30	÷	10	= 3	350	÷	50	= 7	550	÷	10	= 55
2	120	÷	10	= 12	420	÷	60	= 7	40	÷	40	= 1
3	320	÷	40	= 8	90	÷	30	= 3	40	÷	10	= 4
4	600	÷	60	= 10	150	÷	30	= 5	80	÷	40	= 2
5	90	÷	10	= 9	480	÷	40	= 12	250	÷	50	= 5
6	100	÷	50	= 2	600	÷	60	= 10	700	÷	10	= 70
7	330	÷	30	= 11	600	÷	50	= 12	180	÷	30	= 6
8	770	÷	70	= 11	80	÷	40	= 2	180	÷	60	= 3
9	10	÷	10	= 1	210	÷	70	= 3	350	÷	70	= 5
10	70	÷	10	= 7	240	÷	60	= 4	540	÷	60	= 9
11	180	÷	60	= 3	720	÷	10	= 72	10	÷	10	= 1
12	210	÷	70	= 3	80	÷	10	= 8	180	÷	60	= 3
13	320	÷	80	= 4	400	÷	40	= 10	660	÷	60	= 11
14	50	÷	50	= 1	400	÷	80	= 5	660	÷	10	= 66
15	120	÷	30	= 4	660	÷	60	= 11	120	÷	60	= 2
16	180	÷	30	= 6	700	÷	70	= 10	200	÷	50	= 4
17	240	÷	60	= 4	120	÷	20	= 6	200	÷	40	= 5
18	400	÷	10	= 40	150	÷	50	= 3	720	÷	60	= 12
19	50	÷	10	= 5	160	÷	80	= 2	960	÷	80	= 12
20	100	÷	10	= 10	240	÷	30	= 8	60	÷	30	= 2

#	176				177				178			
1	120	÷	10	= 12	480	÷	30	= 16	120	÷	60	= 2
2	300	÷	60	= 5	480	÷	60	= 8	200	÷	50	= 4
3	450	÷	90	= 5	140	÷	70	= 2	250	÷	50	= 5
4	770	÷	10	= 77	330	÷	20	= 16.5	400	÷	80	= 5
5	120	÷	60	= 2	810	÷	90	= 9	480	÷	60	= 8
6	160	÷	40	= 4	80	÷	80	= 1	240	÷	40	= 6
7	240	÷	30	= 8	90	÷	90	= 1	360	÷	60	= 6
8	250	÷	50	= 5	330	÷	30	= 11	420	÷	70	= 6
9	300	÷	50	= 6	440	÷	20	= 22	660	÷	60	= 11
10	70	÷	70	= 1	500	÷	50	= 10	720	÷	90	= 8
11	200	÷	20	= 10	150	÷	30	= 5	300	÷	30	= 10
12	250	÷	50	= 5	160	÷	40	= 4	320	÷	80	= 4
13	490	÷	70	= 7	330	÷	20	= 16.5	320	÷	80	= 4
14	960	÷	80	= 12	360	÷	90	= 4	450	÷	50	= 9
15	150	÷	50	= 3	600	÷	50	= 12	500	÷	50	= 10
16	280	÷	40	= 7	20	÷	10	= 2	60	÷	60	= 1
17	500	÷	10	= 50	140	÷	70	= 2	490	÷	70	= 7
18	600	÷	20	= 30	180	÷	60	= 3	490	÷	70	= 7
19	50	÷	50	= 1	370	÷	10	= 37	500	÷	50	= 10
20	240	÷	20	= 12	770	÷	20	= 38.5	550	÷	50	= 11

#	179				180				181			
1	280	÷	10	= 28	720	÷	60	= 12	420	÷	60	= 7
2	360	÷	90	= 4	480	÷	60	= 8	80	÷	20	= 4
3	440	÷	40	= 11	600	÷	60	= 10	80	÷	40	= 2
4	480	÷	80	= 6	720	÷	80	= 9	120	÷	10	= 12
5	500	÷	20	= 25	720	÷	90	= 8	180	÷	90	= 2
6	100	÷	20	= 5	990	÷	90	= 11	400	÷	50	= 8
7	210	÷	70	= 3	40	÷	40	= 1	100	÷	50	= 2
8	400	÷	50	= 8	300	÷	10	= 30	140	÷	20	= 7
9	400	÷	40	= 10	400	÷	40	= 10	210	÷	30	= 7
10	880	÷	20	= 44	540	÷	90	= 6	350	÷	50	= 7
11	20	÷	20	= 1	800	÷	10	= 80	660	÷	10	= 66
12	540	÷	90	= 6	80	÷	80	= 1	200	÷	50	= 4
13	600	÷	50	= 12	120	÷	60	= 2	300	÷	50	= 6
14	630	÷	90	= 7	240	÷	80	= 3	480	÷	40	= 12
15	50	÷	50	= 1	270	÷	90	= 3	480	÷	60	= 8
16	90	÷	30	= 3	360	÷	30	= 12	660	÷	60	= 11
17	460	÷	10	= 46	20	÷	10	= 2	60	÷	10	= 6
18	880	÷	80	= 11	70	÷	70	= 1	200	÷	10	= 20
19	240	÷	40	= 6	90	÷	90	= 1	200	÷	10	= 20
20	480	÷	20	= 24	120	÷	40	= 3	990	÷	10	= 99

182

#					
1	100	÷	10	=	10
2	180	÷	20	=	9
3	450	÷	90	=	5
4	630	÷	70	=	9
5	800	÷	80	=	10
6	30	÷	30	=	1
7	280	÷	40	=	7
8	450	÷	50	=	9
9	560	÷	70	=	8
10	110	÷	10	=	11
11	160	÷	40	=	4
12	160	÷	20	=	8
13	200	÷	40	=	5
14	60	÷	20	=	3
15	600	÷	60	=	10
16	700	÷	70	=	10
17	840	÷	20	=	42
18	900	÷	20	=	45
19	70	÷	70	=	1
20	180	÷	90	=	2

183

#					
1	4500	÷	500	=	9
2	2000	÷	100	=	20
3	1100	÷	100	=	11
4	9900	÷	100	=	99
5	6000	÷	600	=	10
6	8400	÷	200	=	42
7	6000	÷	600	=	10
8	8400	÷	200	=	42
9	9000	÷	900	=	10
10	9600	÷	200	=	48
11	8100	÷	900	=	9
12	4800	÷	200	=	24
13	5600	÷	800	=	7
14	5500	÷	500	=	11
15	4000	÷	400	=	10
16	6600	÷	100	=	66
17	4000	÷	400	=	10
18	6600	÷	100	=	66
19	2000	÷	200	=	10
20	5500	÷	100	=	55

184

#					
1	1000	÷	100	=	10
2	5000	÷	100	=	50
3	5400	÷	600	=	9
4	3000	÷	100	=	30
5	6300	÷	700	=	9
6	4000	÷	100	=	40
7	5000	÷	500	=	10
8	7200	÷	200	=	36
9	4500	÷	500	=	9
10	2400	÷	200	=	12
11	6300	÷	700	=	9
12	3600	÷	200	=	18
13	7000	÷	700	=	10
14	8000	÷	100	=	80
15	3200	÷	400	=	8
16	1100	÷	100	=	11
17	1000	÷	100	=	10
18	9000	÷	100	=	90
19	3200	÷	400	=	8
20	9900	÷	900	=	11

185

#					
1	4900	÷	700	=	7
2	6600	÷	600	=	11
3	800	÷	100	=	8
4	7700	÷	700	=	11
5	5400	÷	600	=	9
6	3300	÷	100	=	33
7	4500	÷	500	=	9
8	2200	÷	100	=	22
9	3000	÷	300	=	10
10	6000	÷	100	=	60
11	4000	÷	400	=	10
12	6000	÷	100	=	60
13	6300	÷	900	=	7
14	6600	÷	600	=	11
15	6000	÷	600	=	10
16	7700	÷	100	=	77
17	7000	÷	700	=	10
18	8800	÷	100	=	88
19	3200	÷	400	=	8
20	9900	÷	900	=	11

186

#					
1	9000	÷	900	=	10
2	9000	÷	100	=	90
3	4500	÷	500	=	9
4	2200	÷	110	=	20
5	5400	÷	600	=	9
6	2400	÷	100	=	24
7	7200	÷	800	=	9
8	4400	÷	100	=	44
9	1000	÷	100	=	10
10	5000	÷	100	=	50
11	4000	÷	400	=	10
12	6000	÷	100	=	60
13	5600	÷	800	=	7
14	5500	÷	500	=	11
15	5000	÷	500	=	10
16	7000	÷	100	=	70
17	7000	÷	700	=	10
18	8800	÷	100	=	88
19	2400	÷	300	=	8
20	8800	÷	800	=	11

187

#					
1	1100	÷	100	=	11
2	9900	÷	100	=	99
3	8000	÷	800	=	10
4	9600	÷	200	=	48
5	7000	÷	700	=	10
6	8000	÷	200	=	40
7	6000	÷	600	=	10
8	7700	÷	100	=	77
9	5400	÷	200	=	27
10	3300	÷	100	=	33
11	6300	÷	700	=	9
12	3600	÷	100	=	36
13	8100	÷	900	=	9
14	4800	÷	100	=	48
15	3000	÷	300	=	10
16	6000	÷	100	=	60
17	5600	÷	800	=	7
18	5500	÷	500	=	11
19	2000	÷	200	=	10
20	5500	÷	100	=	55

188

#					
1	5000	÷	500	=	10
2	7200	÷	100	=	72
3	5000	÷	500	=	10
4	7000	÷	100	=	70
5	6300	÷	900	=	7
6	6600	÷	600	=	11
7	6300	÷	700	=	9
8	4000	÷	100	=	40
9	7200	÷	800	=	9
10	4400	÷	200	=	22
11	5600	÷	700	=	8
12	4800	÷	400	=	12
13	4200	÷	600	=	7
14	3300	÷	300	=	11
15	4900	÷	700	=	7
16	3600	÷	400	=	9
17	5500	÷	500	=	11
18	2000	÷	100	=	20
19	5600	÷	700	=	8
20	3600	÷	300	=	12

189

#					
1	7200	÷	900	=	8
2	6000	÷	500	=	12
3	5600	÷	700	=	8
4	3600	÷	300	=	12
5	4800	÷	600	=	8
6	3600	÷	300	=	12
7	5600	÷	800	=	7
8	6600	÷	600	=	11
9	6400	÷	800	=	8
10	4800	÷	400	=	12
11	6400	÷	800	=	8
12	6000	÷	500	=	12
13	7200	÷	900	=	8
14	6000	÷	500	=	12
15	2800	÷	400	=	7
16	1200	÷	200	=	6
17	4800	÷	600	=	8
18	7200	÷	600	=	12
19	2800	÷	400	=	7
20	1200	÷	200	=	6

190

#					
1	3500	÷	500	=	7
2	2200	÷	200	=	11
3	3600	÷	400	=	9
4	4800	÷	400	=	12
5	3500	÷	500	=	7
6	8000	÷	800	=	10
7	5600	÷	700	=	8
8	4800	÷	400	=	12
9	4000	÷	500	=	8
10	7200	÷	600	=	12
11	3500	÷	500	=	7
12	1100	÷	100	=	11
13	3500	÷	500	=	7
14	2200	÷	200	=	11
15	2400	÷	300	=	8
16	8800	÷	800	=	11
17	3200	÷	400	=	8
18	6000	÷	500	=	12
19	1800	÷	200	=	9
20	8400	÷	700	=	12

191

#					
1	4800	÷	600	=	8
2	2400	÷	200	=	12
3	4800	÷	600	=	8
4	3600	÷	300	=	12
5	1800	÷	200	=	9
6	8400	÷	700	=	12
7	3600	÷	400	=	9
8	7200	÷	600	=	12
9	4000	÷	500	=	8
10	1200	÷	100	=	12
11	2700	÷	300	=	9
12	8400	÷	700	=	12
13	4000	÷	500	=	8
14	1200	÷	100	=	12
15	3600	÷	400	=	9
16	9600	÷	800	=	12
17	4000	÷	500	=	8
18	2400	÷	200	=	12
19	900	÷	100	=	9
20	7200	÷	600	=	12

192

#					
1	900	÷	100	=	9
2	8400	÷	700	=	12
3	800	÷	100	=	8
4	7700	÷	700	=	11
5	2700	÷	300	=	9
6	9600	÷	800	=	12
7	1600	÷	200	=	8
8	7700	÷	700	=	11
9	4900	÷	700	=	7
10	4400	÷	400	=	11
11	4900	÷	700	=	7
12	4400	÷	400	=	11
13	1600	÷	200	=	8
14	7700	÷	700	=	11
15	4200	÷	600	=	7
16	4400	÷	400	=	11
17	4200	÷	600	=	7
18	4400	÷	400	=	11
19	4200	÷	600	=	7
20	3300	÷	300	=	11

193

#					
1	320	÷	80	=	4
2	4200	÷	600	=	7
3	180	÷	90	=	2
4	3300	÷	300	=	11
5	990	÷	110	=	9
6	7200	÷	600	=	12
7	60	÷	10	=	6
8	4000	÷	500	=	8
9	160	÷	20	=	8
10	4400	÷	400	=	11
11	720	÷	60	=	12
12	3500	÷	500	=	7
13	80	÷	10	=	8
14	3600	÷	120	=	30
15	420	÷	60	=	7
16	4800	÷	600	=	8
17	120	÷	120	=	1
18	3600	÷	300	=	12
19	80	÷	80	=	1
20	1100	÷	100	=	11

194

#					
1	300	÷	100	=	3
2	4800	÷	400	=	12
3	480	÷	80	=	6
4	3600	÷	300	=	12
5	90	÷	30	=	3
6	1200	÷	120	=	10
7	140	÷	20	=	7
8	7200	÷	600	=	12
9	550	÷	50	=	11
10	3600	÷	300	=	12
11	540	÷	90	=	6
12	6000	÷	500	=	12
13	630	÷	70	=	9
14	7700	÷	700	=	11
15	200	÷	50	=	4
16	7700	÷	110	=	70
17	700	÷	70	=	10
18	4400	÷	400	=	11
19	200	÷	40	=	5
20	7000	÷	700	=	10

195

#					
1	240	÷	30	=	8
2	9900	÷	900	=	11
3	550	÷	110	=	5
4	4900	÷	700	=	7
5	400	÷	50	=	8
6	6600	÷	600	=	11
7	60	÷	60	=	1
8	3600	÷	400	=	9
9	360	÷	30	=	12
10	8800	÷	800	=	11
11	120	÷	40	=	3
12	8400	÷	700	=	12
13	700	÷	70	=	10
14	1100	÷	100	=	11
15	660	÷	60	=	11
16	9600	÷	800	=	12
17	450	÷	50	=	9
18	7700	÷	700	=	11
19	660	÷	60	=	11
20	6300	÷	900	=	7

196

#					
1	200	÷	40	=	5
2	1600	÷	200	=	8
3	490	÷	70	=	7
4	5500	÷	500	=	11
5	280	÷	10	=	28
6	7200	÷	900	=	8
7	480	÷	120	=	4
8	1200	÷	120	=	10
9	720	÷	90	=	8
10	3500	÷	500	=	7
11	20	÷	10	=	2
12	3200	÷	400	=	8
13	210	÷	70	=	3
14	4500	÷	500	=	9
15	200	÷	50	=	4
16	8400	÷	700	=	12
17	800	÷	80	=	10
18	2700	÷	300	=	9
19	180	÷	60	=	3
20	6000	÷	100	=	60

197

#					
1	840	÷	120	=	7
2	4200	÷	600	=	7
3	560	÷	70	=	8
4	4900	÷	700	=	7
5	100	÷	10	=	10
6	900	÷	100	=	9
7	300	÷	50	=	6
8	4000	÷	500	=	8
9	500	÷	100	=	5
10	4800	÷	600	=	8
11	400	÷	40	=	10
12	6400	÷	800	=	8
13	720	÷	80	=	9
14	4800	÷	400	=	12
15	120	÷	60	=	2
16	3500	÷	500	=	7
17	80	÷	40	=	2
18	7200	÷	120	=	60
19	400	÷	40	=	10
20	4000	÷	500	=	8

198

#					
1	180	÷	90	=	2
2	1800	÷	200	=	9
3	210	÷	30	=	7
4	4000	÷	500	=	8
5	120	÷	20	=	6
6	1000	÷	100	=	10
7	600	÷	50	=	12
8	7200	÷	900	=	8
9	460	÷	10	=	46
10	4800	÷	600	=	8
11	280	÷	40	=	7
12	7000	÷	100	=	70
13	180	÷	30	=	6
14	6600	÷	110	=	60
15	480	÷	40	=	12
16	320	÷	80	=	4
17	6300	÷	700	=	9
18	4800	÷	400	=	12
19	250	÷	50	=	5
20	6000	÷	100	=	60

199

#					
1	810	÷	90	=	9
2	7000	÷	700	=	10
3	490	÷	70	=	7
4	5600	÷	800	=	7
5	300	÷	50	=	6
6	1000	÷	100	=	10
7	400	÷	40	=	10
8	7000	÷	700	=	10
9	240	÷	120	=	2
10	8800	÷	800	=	11
11	480	÷	30	=	16
12	1100	÷	110	=	10
13	330	÷	110	=	3
14	9600	÷	120	=	80
15	30	÷	10	=	3
16	4500	÷	500	=	9
17	160	÷	40	=	4
18	3600	÷	120	=	30
19	600	÷	60	=	10
20	9900	÷	110	=	90

200

#					
1	10	÷	10	=	1
2	9000	÷	900	=	10
3	420	÷	70	=	6
4	4000	÷	100	=	40
5	90	÷	10	=	9
6	6000	÷	600	=	10
7	500	÷	100	=	5
8	7000	÷	700	=	10
9	440	÷	110	=	4
10	5400	÷	600	=	9
11	770	÷	70	=	11
12	8400	÷	120	=	70
13	210	÷	70	=	3
14	4800	÷	120	=	40
15	350	÷	70	=	5
16	3000	÷	300	=	10
17	330	÷	30	=	11
18	7700	÷	110	=	70
19	140	÷	70	=	2
20	5600	÷	800	=	7

201

#					
1	120	÷	60	=	2
2	5400	÷	600	=	9
3	250	÷	50	=	5
4	4400	÷	110	=	40
5	770	÷	110	=	7
6	5500	÷	110	=	50
7	660	÷	60	=	11
8	7200	÷	800	=	9
9	60	÷	30	=	2
10	9900	÷	900	=	11
11	120	÷	60	=	2
12	5000	÷	500	=	10
13	120	÷	120	=	1
14	9000	÷	900	=	10
15	480	÷	60	=	8
16	6300	÷	900	=	7
17	770	÷	110	=	7
18	2200	÷	110	=	20
19	330	÷	110	=	3
20	8100	÷	900	=	9

202

#					
1	20	÷	10	=	2
2	6000	÷	120	=	50
3	80	÷	40	=	2
4	7700	÷	700	=	11
5	400	÷	80	=	5
6	7000	÷	100	=	70
7	250	÷	50	=	5
8	5400	÷	600	=	9
9	350	÷	50	=	7
10	1000	÷	100	=	10
11	150	÷	30	=	5
12	3000	÷	100	=	30
13	180	÷	60	=	3
14	2200	÷	110	=	20
15	240	÷	60	=	4
16	4000	÷	400	=	10
17	100	÷	10	=	10
18	5500	÷	110	=	50
19	320	÷	80	=	4
20	5600	÷	800	=	7

203

#					
1	315	÷	9	=	35
2	693	÷	3	=	231
3	477	÷	3	=	159
4	855	÷	5	=	171
5	441	÷	7	=	63
6	816	÷	6	=	136
7	436	÷	2	=	218
8	815	÷	5	=	163
9	459	÷	9	=	51
10	837	÷	3	=	279
11	372	÷	2	=	186
12	744	÷	6	=	124
13	164	÷	2	=	82
14	535	÷	5	=	107
15	912	÷	6	=	152
16	405	÷	3	=	135
17	780	÷	2	=	390
18	408	÷	6	=	68
19	788	÷	2	=	394
20	385	÷	7	=	55

204

#					
1	765	÷	3	=	255
2	381	÷	3	=	127
3	756	÷	2	=	378
4	333	÷	3	=	111
5	716	÷	2	=	358
6	357	÷	3	=	119
7	735	÷	5	=	147
8	415	÷	5	=	83
9	792	÷	6	=	132
10	329	÷	7	=	47
11	700	÷	2	=	350
12	348	÷	2	=	174
13	724	÷	2	=	362
14	452	÷	2	=	226
15	820	÷	2	=	410
16	212	÷	2	=	106
17	580	÷	2	=	290
18	960	÷	6	=	160
19	468	÷	2	=	234
20	844	÷	2	=	422

205

#					
1	213	÷	3	=	71
2	588	÷	2	=	294
3	963	÷	9	=	107
4	172	÷	2	=	86
5	552	÷	6	=	92
6	933	÷	3	=	311
7	175	÷	5	=	35
8	553	÷	7	=	79
9	935	÷	5	=	187
10	336	÷	6	=	56
11	720	÷	6	=	120
12	316	÷	2	=	158
13	695	÷	5	=	139
14	388	÷	2	=	194
15	772	÷	2	=	386
16	404	÷	2	=	202
17	777	÷	7	=	111
18	168	÷	6	=	28
19	548	÷	2	=	274
20	924	÷	2	=	462

#		206					207					208		
1	432	÷	6	=	72	532	÷	2	=	266	721	÷	7	=	103
2	813	÷	3	=	271	909	÷	3	=	303	375	÷	5	=	75
3	455	÷	5	=	91	428	÷	2	=	214	747	÷	9	=	83
4	833	÷	7	=	119	804	÷	2	=	402	387	÷	9	=	43
5	204	÷	2	=	102	453	÷	3	=	151	768	÷	6	=	128
6	576	÷	6	=	96	828	÷	2	=	414	156	÷	2	=	78
7	957	÷	3	=	319	196	÷	2	=	98	531	÷	9	=	59
8	460	÷	2	=	230	575	÷	5	=	115	908	÷	2	=	454
9	840	÷	6	=	140	956	÷	2	=	478	384	÷	6	=	64
10	324	÷	2	=	162	476	÷	2	=	238	764	÷	2	=	382
11	696	÷	6	=	116	852	÷	2	=	426	412	÷	2	=	206
12	332	÷	2	=	166	456	÷	6	=	76	789	÷	3	=	263
13	708	÷	2	=	354	836	÷	2	=	418	420	÷	2	=	210
14	364	÷	2	=	182	444	÷	2	=	222	796	÷	2	=	398
15	741	÷	3	=	247	819	÷	9	=	91	171	÷	9	=	19
16	380	÷	2	=	190	429	÷	3	=	143	549	÷	3	=	183
17	748	÷	2	=	374	812	÷	2	=	406	932	÷	2	=	466
18	396	÷	2	=	198	335	÷	5	=	67	356	÷	2	=	178
19	775	÷	5	=	155	717	÷	3	=	239	732	÷	2	=	366
20	161	÷	7	=	23	340	÷	2	=	170	360	÷	6	=	60

#		209					210					211		
1	740	÷	2	=	370	609	÷	7	=	87	497	÷	7	=	71
2	243	÷	9	=	27	984	÷	6	=	164	876	÷	2	=	438
3	620	÷	2	=	310	165	÷	3	=	55	308	÷	2	=	154
4	132	÷	2	=	66	540	÷	2	=	270	676	÷	2	=	338
5	504	÷	6	=	84	916	÷	2	=	458	108	÷	2	=	54
6	888	÷	6	=	148	252	÷	2	=	126	492	÷	2	=	246
7	148	÷	2	=	74	624	÷	6	=	104	864	÷	6	=	144
8	312	÷	6	=	52	255	÷	5	=	51	244	÷	2	=	122
9	528	÷	6	=	88	628	÷	2	=	314	621	÷	3	=	207
10	692	÷	2	=	346	260	÷	2	=	130	268	÷	2	=	134
11	900	÷	2	=	450	636	÷	2	=	318	648	÷	6	=	108
12	237	÷	3	=	79	100	÷	2	=	50	116	÷	2	=	58
13	612	÷	2	=	306	480	÷	6	=	80	495	÷	5	=	99
14	988	÷	2	=	494	860	÷	2	=	430	868	÷	2	=	434
15	261	÷	3	=	87	273	÷	7	=	39	120	÷	6	=	20
16	644	÷	2	=	322	652	÷	2	=	326	500	÷	2	=	250
17	240	÷	6	=	40	105	÷	7	=	15	884	÷	2	=	442
18	615	÷	5	=	123	484	÷	2	=	242	192	÷	6	=	32
19	996	÷	2	=	498	861	÷	3	=	287	573	÷	3	=	191
20	236	÷	2	=	118	117	÷	3	=	39	948	÷	2	=	474

#		212					213					214		
1	264	÷	6	=	44	3532	÷	2	=	1766	4344	÷	6	=	724
2	645	÷	3	=	215	8060	÷	2	=	4030	8876	÷	2	=	4438
3	285	÷	3	=	95	5520	÷	6	=	920	3801	÷	7	=	543
4	665	÷	7	=	95	9988	÷	2	=	4994	8328	÷	6	=	1388
5	220	÷	2	=	110	5067	÷	9	=	563	4076	÷	2	=	2038
6	603	÷	9	=	67	9597	÷	3	=	3199	8596	÷	2	=	4298
7	980	÷	2	=	490	4980	÷	2	=	2490	4797	÷	3	=	1599
8	228	÷	2	=	114	9508	÷	2	=	4754	9324	÷	2	=	4662
9	604	÷	2	=	302	5340	÷	2	=	2670	3708	÷	2	=	1854
10	981	÷	3	=	327	9864	÷	6	=	1644	8235	÷	9	=	915
11	288	÷	6	=	48	4172	÷	2	=	2086	3981	÷	3	=	1327
12	668	÷	2	=	334	8692	÷	2	=	4346	8508	÷	2	=	4254
13	309	÷	3	=	103	1724	÷	2	=	862	5157	÷	3	=	1719
14	684	÷	2	=	342	6244	÷	2	=	3122	9684	÷	2	=	4842
15	215	÷	5	=	43	4620	÷	2	=	2310	2259	÷	9	=	251
16	596	÷	2	=	298	9144	÷	6	=	1524	6789	÷	3	=	2263
17	964	÷	2	=	482	4704	÷	6	=	784	5427	÷	9	=	603
18	292	÷	2	=	146	9236	÷	2	=	4618	9960	÷	6	=	1660
19	669	÷	3	=	223	4436	÷	2	=	2218	2260	÷	2	=	1130
20	216	÷	6	=	36	8956	÷	2	=	4478	6792	÷	6	=	1132

#		215					216					217		
1	1897	÷	7	=	271	5348	÷	2	=	2674	5428	÷	2	=	2714
2	6429	÷	3	=	2143	9868	÷	2	=	4934	9961	÷	7	=	1423
3	1899	÷	9	=	211	3624	÷	6	=	604	5255	÷	5	=	1051
4	6432	÷	6	=	1072	8156	÷	2	=	4078	9780	÷	2	=	4890
5	3892	÷	2	=	1946	3716	÷	2	=	1858	5068	÷	2	=	2534
6	8420	÷	2	=	4210	8236	÷	2	=	4118	9600	÷	6	=	1600
7	3621	÷	3	=	1207	4164	÷	2	=	2082	4893	÷	3	=	1631
8	8148	÷	2	=	4074	8688	÷	6	=	1448	9415	÷	5	=	1883
9	4529	÷	7	=	647	4255	÷	5	=	851	3804	÷	2	=	1902
10	9052	÷	2	=	4526	8784	÷	6	=	1464	8332	÷	2	=	4166
11	4615	÷	5	=	923	4532	÷	2	=	2266	3895	÷	5	=	779
12	9141	÷	3	=	3047	9055	÷	5	=	1811	8421	÷	3	=	2807
13	1812	÷	2	=	906	1629	÷	3	=	543	4252	÷	2	=	2126
14	6335	÷	5	=	1267	6156	÷	2	=	3078	8781	÷	3	=	2927
15	4977	÷	7	=	711	4892	÷	2	=	2446	4437	÷	3	=	1479
16	9504	÷	6	=	1584	9412	÷	2	=	4706	8964	÷	2	=	4482
17	5253	÷	3	=	1751	5160	÷	6	=	860	1628	÷	2	=	814
18	9775	÷	5	=	1955	9692	÷	2	=	4846	6153	÷	7	=	879
19	2177	÷	7	=	311	2175	÷	5	=	435	4347	÷	9	=	483
20	6700	÷	2	=	3350	6696	÷	6	=	1116	8877	÷	3	=	2959

		218					219					220		
1	4707	÷	9	=	523	2901	÷	3	=	967	1176	÷	6	=	196
2	9237	÷	3	=	3079	7428	÷	2	=	3714	5708	÷	2	=	2854
3	4800	÷	6	=	800	2625	÷	7	=	375	3436	÷	2	=	1718
4	9332	÷	2	=	4666	7155	÷	9	=	795	7965	÷	3	=	2655
5	1815	÷	5	=	363	2540	÷	2	=	1270	1092	÷	2	=	546
6	6336	÷	6	=	1056	7060	÷	2	=	3530	5615	÷	5	=	1123
7	3984	÷	6	=	664	1725	÷	3	=	575	2716	÷	2	=	1358
8	8516	÷	2	=	4258	6252	÷	2	=	3126	7245	÷	3	=	2415
9	4077	÷	3	=	1359	2805	÷	3	=	935	2988	÷	2	=	1494
10	8604	÷	2	=	4302	7332	÷	2	=	3666	7515	÷	9	=	835
11	2712	÷	6	=	452	2808	÷	6	=	468	1175	÷	5	=	235
12	7244	÷	2	=	3622	7335	÷	5	=	1467	5705	÷	7	=	815
13	1356	÷	2	=	678	2900	÷	2	=	1450	1268	÷	2	=	634
14	5880	÷	6	=	980	7420	÷	2	=	3710	5788	÷	2	=	2894
15	1539	÷	9	=	171	1001	÷	7	=	143	2085	÷	3	=	695
16	3528	÷	6	=	588	5524	÷	2	=	2762	6612	÷	2	=	3306
17	6069	÷	3	=	2023	3073	÷	7	=	439	2980	÷	2	=	1490
18	8057	÷	7	=	1151	7605	÷	3	=	2535	7512	÷	6	=	1252
19	2620	÷	2	=	1310	1084	÷	2	=	542	3172	÷	2	=	1586
20	7152	÷	6	=	1192	5613	÷	3	=	1871	7700	÷	2	=	3850

		221					222					223		
1	2448	÷	6	=	408	3168	÷	6	=	528	2909	÷	3	=	969 R2
2	6975	÷	5	=	1395	7695	÷	5	=	1539	6307	÷	9	=	700 R7
3	2535	÷	5	=	507	1989	÷	3	=	663	4401	÷	7	=	628 R5
4	7056	÷	6	=	1176	6516	÷	2	=	3258	7805	÷	3	=	2601 R2
5	3260	÷	2	=	1630	3348	÷	2	=	1674	4063	÷	5	=	812 R3
6	7780	÷	2	=	3890	7875	÷	9	=	875	7465	÷	7	=	1066 R3
7	3444	÷	2	=	1722	1992	÷	6	=	332	3995	÷	9	=	443 R8
8	7968	÷	6	=	1328	6524	÷	2	=	3262	7398	÷	4	=	1849 R2
9	2349	÷	3	=	783	1452	÷	2	=	726	4265	÷	7	=	609 R2
10	6881	÷	7	=	983	5976	÷	6	=	996	7669	÷	3	=	2556 R1
11	3261	÷	3	=	1087	1536	÷	6	=	256	3383	÷	5	=	676 R3
12	7788	÷	2	=	3894	6068	÷	2	=	3034	6784	÷	6	=	1130 R4
13	2352	÷	6	=	392	2084	÷	2	=	1042	1545	÷	7	=	220 R5
14	6884	÷	2	=	3442	6604	÷	2	=	3302	4947	÷	9	=	549 R6
15	3353	÷	7	=	479	1364	÷	2	=	682	3723	÷	9	=	413 R6
16	7876	÷	2	=	3938	5884	÷	2	=	2942	7123	÷	9	=	791 R4
17	2445	÷	3	=	815	1449	÷	7	=	207	3790	÷	4	=	947 R2
18	6972	÷	2	=	3486	5975	÷	5	=	1195	7191	÷	5	=	1438 R1
19	3076	÷	2	=	1538	1269	÷	3	=	423	3586	÷	8	=	448 R2
20	7608	÷	6	=	1268	5796	÷	2	=	2898	6987	÷	9	=	776 R3

		224					225					226		
1	3517	÷	3	=	1172 R1	1681	÷	7	=	240 R1	4266	÷	8	=	533 R2
2	6919	÷	5	=	1383 R4	5081	÷	7	=	725 R6	7670	÷	4	=	1917 R2
3	3109	÷	3	=	1036 R1	1682	÷	8	=	210 R2	2974	÷	4	=	743 R2
4	6512	÷	6	=	1085 R2	5082	÷	8	=	635 R2	6376	÷	6	=	1062 R4
5	3314	÷	8	=	414 R2	3177	÷	7	=	453 R6	3041	÷	7	=	434 R3
6	6714	÷	8	=	839 R2	6581	÷	3	=	2193 R2	6445	÷	3	=	2148 R1
7	3858	÷	8	=	482 R2	2971	÷	9	=	330 R1	3382	÷	4	=	845 R2
8	7259	÷	9	=	806 R5	6374	÷	4	=	1593 R2	6783	÷	5	=	1356 R3
9	3040	÷	6	=	506 R4	3654	÷	4	=	913 R2	3449	÷	7	=	492 R5
10	6443	÷	9	=	715 R8	7057	÷	7	=	1008 R1	6851	÷	9	=	761 R2
11	3246	÷	4	=	811 R2	3722	÷	8	=	465 R2	3656	÷	6	=	609 R2
12	6646	÷	4	=	1661 R2	7122	÷	8	=	890 R2	7058	÷	8	=	882 R2
13	4129	÷	7	=	589 R6	1613	÷	3	=	537 R2	1478	÷	4	=	369 R2
14	7530	÷	8	=	941 R2	5014	÷	4	=	1253 R2	4880	÷	6	=	813 R2
15	1952	÷	6	=	325 R2	3994	÷	8	=	499 R2	3926	÷	4	=	981 R2
16	5354	÷	8	=	669 R2	7397	÷	3	=	2465 R2	7327	÷	5	=	1465 R2
17	4333	÷	3	=	1444 R1	4198	÷	4	=	1049 R2	4130	÷	8	=	516 R2
18	7737	÷	7	=	1105 R2	7599	÷	5	=	1519 R4	7531	÷	9	=	836 R7
19	1954	÷	8	=	244 R2	1885	÷	3	=	628 R1	1883	÷	9	=	209 R2
20	5357	÷	3	=	1785 R2	5288	÷	6	=	881 R2	5287	÷	5	=	1057 R2

		227					228					229		
1	4334	÷	4	=	1083 R2	3791	÷	5	=	758 R1	2431	÷	5	=	486 R1
2	7738	÷	8	=	967 R2	7192	÷	6	=	1198 R4	5833	÷	7	=	833 R2
3	4199	÷	5	=	839 R4	3859	÷	9	=	428 R7	2225	÷	7	=	317 R6
4	7600	÷	6	=	1266 R4	7261	÷	3	=	2420 R1	5627	÷	9	=	625 R2
5	4064	÷	6	=	677 R2	1614	÷	4	=	403 R2	2158	÷	4	=	539 R2
6	7466	÷	8	=	933 R2	5017	÷	7	=	716 R5	5559	÷	5	=	1111 R4
7	3927	÷	5	=	785 R2	3247	÷	5	=	649 R2	1546	÷	8	=	193 R2
8	7328	÷	6	=	1221 R2	6647	÷	5	=	1329 R2	4949	÷	3	=	1649 R2
9	3110	÷	4	=	777 R2	3315	÷	9	=	368 R3	2361	÷	7	=	337 R2
10	6513	÷	7	=	930 R3	6715	÷	9	=	746 R1	5763	÷	9	=	640 R3
11	3178	÷	8	=	397 R2	2293	÷	3	=	764 R1	2362	÷	8	=	295 R2
12	6582	÷	4	=	1645 R2	5694	÷	4	=	1423 R2	5765	÷	3	=	1921 R2
13	3448	÷	6	=	574 R4	1273	÷	7	=	181 R6	2430	÷	4	=	607 R2
14	6850	÷	8	=	856 R2	4673	÷	7	=	667 R4	5831	÷	5	=	1166 R1
15	3587	÷	9	=	398 R5	1409	÷	7	=	201 R2	1000	÷	6	=	166 R4
16	6989	÷	3	=	2329 R2	2906	÷	8	=	363 R2	4402	÷	8	=	550 R2
17	1477	÷	3	=	492 R1	4811	÷	9	=	534 R5	2563	÷	9	=	284 R7
18	4879	÷	5	=	975 R4	6306	÷	8	=	788 R2	5966	÷	4	=	1491 R2
19	3518	÷	4	=	879 R2	2224	÷	6	=	370 R4	1069	÷	3	=	356 R1
20	6920	÷	6	=	1153 R2	5626	÷	8	=	703 R2	4470	÷	4	=	1117 R2

230

#					
1	1138	÷	8	=	142 R2
2	4541	÷	3	=	1513 R2
3	2838	÷	4	=	709 R2
4	6239	÷	5	=	1247 R4
5	1070	÷	4	=	267 R2
6	4471	÷	5	=	894 R1
7	2294	÷	4	=	573 R2
8	5696	÷	6	=	949 R2
9	2499	÷	9	=	277 R6
10	5899	÷	9	=	655 R4
11	1137	÷	7	=	162 R3
12	4539	÷	9	=	504 R3
13	1205	÷	3	=	401 R2
14	4606	÷	4	=	1151 R2
15	1817	÷	7	=	259 R4
16	5221	÷	3	=	1740 R1
17	2498	÷	8	=	312 R2
18	5898	÷	8	=	737 R2
19	2634	÷	8	=	329 R2
20	6035	÷	9	=	670 R5

231

#					
1	2090	÷	8	=	261 R2
2	5490	÷	8	=	686 R2
3	2155	÷	9	=	239 R4
4	5558	÷	4	=	1389 R2
5	2702	÷	4	=	675 R2
6	6104	÷	6	=	1017 R2
7	2839	÷	5	=	567 R4
8	6241	÷	7	=	891 R4
9	2022	÷	4	=	505 R2
10	5422	÷	4	=	1355 R2
11	2703	÷	5	=	540 R3
12	6105	÷	7	=	872 R1
13	2023	÷	5	=	404 R3
14	5423	÷	5	=	1084 R3
15	2770	÷	8	=	346 R2
16	6173	÷	3	=	2057 R2
17	2089	÷	7	=	298 R3
18	5489	÷	7	=	784 R1
19	2566	÷	4	=	641 R2
20	5967	÷	5	=	1193 R2

232

#					
1	2633	÷	7	=	376 R1
2	6034	÷	8	=	754 R2
3	1747	÷	9	=	194 R1
4	5151	÷	5	=	1030 R1
5	2769	÷	7	=	395 R4
6	6171	÷	9	=	685 R6
7	1750	÷	4	=	437 R2
8	5152	÷	6	=	858 R4
9	1343	÷	5	=	268 R3
10	4743	÷	5	=	948 R3
11	1408	÷	6	=	234 R4
12	4810	÷	8	=	601 R2
13	1816	÷	6	=	302 R4
14	5219	÷	9	=	579 R8
15	1274	÷	8	=	159 R2
16	4674	÷	8	=	584 R2
17	1342	÷	4	=	335 R2
18	4742	÷	4	=	1185 R2
19	1206	÷	4	=	301 R2
20	4607	÷	5	=	921 R2

233

#					
1	2170	÷	9	=	241 R1
2	7908	÷	5	=	1581 R3
3	1264	÷	6	=	210 R4
4	7455	÷	5	=	1491
5	6549	÷	6	=	1091 R3
6	9418	÷	3	=	3139 R1
7	1113	÷	4	=	278 R1
8	6700	÷	8	=	837 R4
9	73404	÷	3	=	2434 R2
10	3831	÷	7	=	547 R2

234

#					
1	6398	÷	4	=	1599 R2
2	3680	÷	9	=	408 R8
3	3076	÷	6	=	512 R4
4	2925	÷	2	=	1462 R1
5	9569	÷	2	=	4784 R1
6	3378	÷	3	=	1126
7	3982	÷	6	=	663 R4
8	5190	÷	4	=	1297 R2
9	5341	÷	5	=	1068 R1
10	4133	÷	7	=	590 R3

235

#					
1	7153	÷	2	=	3576 R1
2	1717	÷	7	=	245 R2
3	6247	÷	7	=	892 R3
4	3529	÷	8	=	441 R1
5	3227	÷	4	=	806 R3
6	4888	÷	5	=	977 R3
7	7002	÷	9	=	778
8	5039	÷	2	=	2519 R1
9	9871	÷	3	=	3290 R1
10	9720	÷	8	=	1215

236

#					
1	22102	÷	4	=	5525 R2
2	27689	÷	7	=	3955 R4
3	69667	÷	5	=	13933 R2
4	73744	÷	6	=	12290 R4
5	64382	÷	9	=	7153 R5
6	64231	÷	3	=	21410 R1
7	57587	÷	7	=	8226 R5
8	56077	÷	6	=	9346 R1
9	20743	÷	8	=	2592 R7
10	75103	÷	6	=	12517 R1

237

#					
1	61513	÷	3	=	20504 R1
2	60154	÷	4	=	15038 R2
3	52000	÷	5	=	10400
4	54718	÷	9	=	6079 R7
5	49282	÷	9	=	5475 R7
6	65590	÷	2	=	32795
7	50641	÷	8	=	6330 R1
8	66949	÷	7	=	9564 R1
9	76462	÷	4	=	19115 R2
10	71026	÷	4	=	17756 R2

238

#					
1	69818	÷	5	=	13963 R3
2	29048	÷	5	=	5809 R3
3	62872	÷	2	=	31436
4	23461	÷	6	=	3910 R1
5	48074	÷	2	=	24037
6	53359	÷	8	=	6669 R7
7	77821	÷	3	=	25940 R1
8	72385	÷	2	=	36192 R1
9	28897	÷	3	=	9632 R1
10	23612	÷	7	=	3373 R1

239

#					
1	763965	÷	7	=	109137 R6
2	348715	÷	6	=	58119 R1
3	390391	÷	4	=	97597 R3
4	406850	÷	6	=	67808 R2
5	822100	÷	7	=	117442 R6
6	847166	÷	9	=	94129 R5
7	581255	÷	7	=	83036 R3
8	747506	÷	3	=	249168 R2
9	880386	÷	9	=	97820 R6
10	772270	÷	9	=	85807 R7

240

#					
1	888540	÷	7	=	126934 R2
2	930065	÷	5	=	186013
3	855320	÷	3	=	285106 R2
4	830405	÷	5	=	166081
5	863625	÷	5	=	172725
6	332256	÷	2	=	166128
7	913455	÷	3	=	304485
8	166005	÷	6	=	27667 R3
9	415155	÷	4	=	103788 R3
10	797185	÷	3	=	265728 R1

241

#					
1	448375	÷	4	=	112093 R3
2	514815	÷	4	=	128703 R3
3	473290	÷	6	=	78881 R4
4	805641	÷	5	=	161128 R1
5	440070	÷	2	=	220035
6	431916	÷	8	=	53989 R4
7	357020	÷	8	=	44627 R4
8	381935	÷	2	=	190967 R1
9	465136	÷	8	=	58142
10	498205	÷	2	=	249102 R1

242

#					
1	5643	÷	64	=	88 R11
2	2472	÷	38	=	65 R2
3	2019	÷	39	=	51 R30
4	8210	÷	59	=	139 R9
5	4284	÷	31	=	138 R6
6	5794	÷	66	=	87 R52
7	2321	÷	91	=	25 R46
8	8663	÷	46	=	188 R15
9	4586	÷	90	=	50 R86
10	5492	÷	45	=	122 R2

243

#					
1	8059	÷	58	=	138 R55
2	7606	÷	62	=	122 R42
3	9267	÷	44	=	210 R27
4	8965	÷	65	=	137 R60
5	9116	÷	11	=	828 R8
6	1415	÷	12	=	117 R11
7	1566	÷	59	=	26 R32
8	6851	÷	13	=	527
9	7757	÷	14	=	554 R1
10	1868	÷	60	=	31 R8

244

#					
1	2774	÷	89	=	31 R15
2	2211	÷	11	=	201
3	8814	÷	32	=	275 R14
4	4435	÷	47	=	94 R17
5	6096	÷	45	=	135 R21
6	8512	÷	43	=	197 R41
7	2623	÷	48	=	54 R31
8	8361	÷	19	=	440 R1
9	5945	÷	44	=	135 R5
10	4737	÷	61	=	77 R40

245

#					
1	15307	÷	66	=	231 R61
2	34333	÷	71	=	483 R40
3	18176	÷	58	=	313 R22
4	47923	÷	59	=	812 R15
5	68308	÷	99	=	689 R97
6	35692	÷	60	=	594 R52
7	63023	÷	97	=	649 R70
8	71177	÷	52	=	1368 R41
9	19535	÷	98	=	199 R33
10	58946	÷	96	=	614 R2

246

#					
1	27538	÷	45	=	611 R43
2	76613	÷	46	=	1665 R23
3	73895	÷	31	=	2383 R22
4	53510	÷	75	=	713 R35
5	54869	÷	91	=	602 R87
6	72536	÷	44	=	1648 R24
7	52151	÷	54	=	965 R41
8	68459	÷	53	=	1291 R36
9	19384	÷	78	=	248 R40
10	50792	÷	94	=	540 R32

247

#					
1	57436	÷	95	=	604 R56
2	60305	÷	79	=	763 R28
3	56228	÷	92	=	611 R16
4	65741	÷	80	=	821 R61
5	75254	÷	20	=	3762 R14
6	22253	÷	90	=	247 R23
7	49433	÷	21	=	2353 R20
8	58795	÷	76	=	773 R47
9	61664	÷	77	=	800 R64
10	67100	÷	89	=	753 R83

248

#					
1	622931	÷	74	=	8417 R73
2	207681	÷	73	=	2844 R69
3	182615	÷	54	=	3381 R41
4	431765	÷	59	=	7318 R3
5	847015	÷	60	=	14116 R55
6	780575	÷	63	=	12390 R5
7	598016	÷	57	=	10491 R47
8	788816	÷	12	=	65734 R8
9	921760	÷	51	=	18073 R37
10	589560	÷	68	=	8670

249

#					
1	631085	÷	12	=	52590 R5
2	896845	÷	14	=	64060 R5
3	755660	÷	65	=	11625 R35
4	838710	÷	58	=	14460 R30
5	905150	÷	72	=	12571 R38
6	373630	÷	11	=	33966 R4
7	631236	÷	53	=	11910 R6
8	182766	÷	56	=	3263 R38
9	423460	÷	66	=	6416 R4
10	880235	÷	70	=	12574 R55

250

#					
1	489900	÷	71	=	6900
2	481595	÷	13	=	37045 R10
3	215835	÷	15	=	14389
4	597865	÷	55	=	10870 R15
5	340410	÷	64	=	5318 R58
6	365325	÷	58	=	6298 R41
7	174310	÷	67	=	2601 R43
8	464985	÷	69	=	6738 R63
9	506510	÷	50	=	10130 R10
10	215986	÷	52	=	4153 R30

www.ingramcontent.com/pod-product-compliance
Lightning Source LLC
Chambersburg PA
CBHW060410220526
45465CB00008B/2829